物联网技术与应用丛书

计算机与物联网导论

张东生　许桂秋　◎主　编
郜　丹　陈峰宇　张明利　◎副主编

人民邮电出版社
北京

图书在版编目（CIP）数据

计算机与物联网导论 / 张东生，许桂秋主编. -- 北京：人民邮电出版社，2025. --（物联网技术与应用丛书）. -- ISBN 978-7-115-66016-9

Ⅰ．TP3；TP18

中国国家版本馆CIP数据核字第2024G3S437号

内 容 提 要

本书从应用实践出发，寓教于实操，详细介绍计算机和物联网的基础内容和操作技能。本书共9个项目，主要内容包括操作系统基础、计算机网络与互联网、物联网基础、智能家居与米家APP、小米智能网关与智能开关、智能门锁与智能家居安防、自动识别技术、智能制造中的制造执行系统（MES）、物联网通信技术。全书通过理论知识加具体实验的项目式组织方式，让读者更透彻地理解计算机和物联网的关键技术和典型应用。本书案例丰富，是一本帮助读者快速掌握计算机和物联网基础知识的入门级图书。

本书可作为计算机网络和物联网相关课程的教材，也可作为计算机网络和物联网从业者的参考书。

◆ 主　　编　张东生　许桂秋
　副主编　郜丹　陈峰宇　张明利
　责任编辑　张晓芬
　责任印制　马振武

◆ 人民邮电出版社出版发行　北京市丰台区成寿寺路11号
　邮编　100164　电子邮件　315@ptpress.com.cn
　网址　https://www.ptpress.com.cn
　三河市君旺印务有限公司印刷

◆ 开本：787×1092　1/16
　印张：11.25　　　　　　　2025年6月第1版
　字数：246千字　　　　　2025年6月河北第1次印刷

定价：59.80元

读者服务热线：(010)53913866　印装质量热线：(010)81055316
反盗版热线：(010)81055315

前言

随着大数据、云计算、物联网和人工智能等新一代信息技术的迅猛发展，我国正经历各行各业的深刻转型与升级。这些技术的融合应用，不仅为制造业带来了前所未有的创新活力，也推动了全球经济的深刻变革。

物联网作为行业转型的核心驱动力之一，不仅是全面数字化建设的关键环节，还是构建智能工业生态的基础设施。它通过无处不在的连接技术，实现了人、机器、物料乃至环境的全面互联互通，促进了全要素、全产业链、全价值链的数字化融合与智能升级。物联网技术不仅收集、传输各类数据，还通过先进的分析手段支持智能决策与管理，重塑了生产制造和服务模式，极大提升了资源配置效率，展现出万物智联、数据赋能、软件定义、平台引领、服务创新、智能主导，以及组织模式深刻变革的鲜明特征。作为"新基建"的重要组成部分，物联网正迎来前所未有的发展机遇，加速推动"中国制造"向"中国智造"的华丽转身，为实体经济的高质量、高效率发展提供强大动力。这一切的实现离不开专业人才的坚实支撑，因此物联网领域各层次专业人才的培养与储备显得尤为重要。

本书由一群深耕物联网教学与科研一线的老师及具备丰富行业应用实践经验的工程师共同撰写。他们不仅精通物联网的基础理论体系，还在物联网技术的实际应用中积累了宝贵经验。本书从物联网的基本概念出发，深入浅出地介绍物联网的通信技术、网络架构、监控系统组态、平台服务、安全保障，以及物联网在智能制造中的核心应用与关键技术。特别地，本书充分考虑了学生的学习特点与需求，采用理论与实践相结合的讲述方式，通过动手操作加深理解，培养学生的实际应用能力。本书的出版将为物联网领域的技术人员及院校学生提供宝贵的学习资源，对普及物联网知识、培养物联网人才、促进物联网技术的发展与应用将发挥积极的推动作用。

编者

2025 年 4 月

目录

项目一 操作系统基础 ... 1

- 1.1 项目要求 ... 1
- 1.2 学习目标 ... 1
- 1.3 相关知识 ... 2
  - 1.3.1 Windows 账号管理 ... 2
  - 1.3.2 磁盘管理 ... 6
  - 1.3.3 任务管理 ... 11
  - 1.3.4 文件管理 ... 13
- 1.4 实验：个人计算机进阶操作 ... 16
  - 1.4.1 账户管理 ... 16
  - 1.4.2 磁盘管理 ... 20
  - 1.4.3 任务管理 ... 24
- 习题 ... 25

项目二 计算机网络与互联网 ... 26

- 2.1 项目要求 ... 26
- 2.2 学习目标 ... 26
- 2.3 相关知识 ... 27
  - 2.3.1 计算机网络概述 ... 27
  - 2.3.2 计算机网络的组成和分类 ... 27
  - 2.3.3 网络传输介质和网络通信设备 ... 31
  - 2.3.4 计算机网络的设置与使用 ... 32
  - 2.3.5 互联网简介 ... 35
- 2.4 实验：计算机网络基本操作 ... 38
  - 2.4.1 使用 ping 命令排查网络故障 ... 38

  2.4.2 设置局域网内计算机文件共享 ·········· 39
 习题 ·········· 43

项目三 物联网基础 ·········· 44
 3.1 项目要求 ·········· 44
 3.2 学习目标 ·········· 44
 3.3 相关知识 ·········· 45
  3.3.1 物联网相关概念 ·········· 45
  3.3.2 物联网体系架构 ·········· 45
  3.3.3 物联网典型应用 ·········· 47
 3.4 实验：认识小米实训箱 ·········· 49
  3.4.1 开箱介绍 ·········· 49
  3.4.2 操作演示 ·········· 52
  3.4.3 注意事项 ·········· 53
 习题 ·········· 54

项目四 智能家居与米家 APP ·········· 55
 4.1 项目要求 ·········· 55
 4.2 学习目标 ·········· 55
 4.3 相关知识 ·········· 56
  4.3.1 智能家居起源和发展 ·········· 57
  4.3.2 智能家居基本特征 ·········· 57
  4.3.3 智能家居的体系结构 ·········· 59
  4.3.4 智能家居的基本功能 ·········· 61
  4.3.5 智能家居的设计原则 ·········· 62
  4.3.6 智能家居 APP——米家 APP ·········· 63
 4.4 实验：米家 APP 的安装与使用 ·········· 64
  4.4.1 下载与安装 ·········· 64
  4.4.2 添加智能家居设备 ·········· 68
  4.4.3 应用场景 1——单一传感器联动设备 ·········· 68
  4.4.4 应用场景 2——设备与设备的联动 ·········· 72
 习题 ·········· 76

项目五 小米智能网关与智能开关 ·········· 77
 5.1 项目要求 ·········· 77
 5.2 学习目标 ·········· 77
 5.3 相关知识 ·········· 78
  5.3.1 网关 ·········· 78

5.3.2　智能网关概述 79
　　　5.3.3　智能网关与路由器的对比 80
　　　5.3.4　家庭组网 82
　　　5.3.5　智能家居常见网关 85
　　　5.3.6　智能开关简介 88
　　　5.3.7　智能开关选购 91
　5.4　实验：配置与操作智能设备 93
　　　5.4.1　使用米家APP配置与使用小米路由器 93
　　　5.4.2　小米智能开关（零火版）的安装与使用 95
　习题 99

项目六　智能门锁与智能家居安防 100

　6.1　项目要求 100
　6.2　学习目标 100
　6.3　相关知识 101
　　　6.3.1　智能门锁概述 101
　　　6.3.2　智能门锁特点 103
　　　6.3.3　智能门锁功能 104
　　　6.3.4　智能门锁的组成和级别分类 105
　　　6.3.5　智能门锁选购建议 108
　　　6.3.6　智能家居安防概述 111
　　　6.3.7　传感器 113
　　　6.3.8　智能家居安防中常见的传感器 114
　6.4　实验：智能家居安防设备的安装与配置 117
　　　6.4.1　小米门窗传感器的安装与配置 117
　　　6.4.2　小米人体红外传感器的安装与配置 119
　习题 120

项目七　自动识别技术 121

　7.1　项目要求 121
　7.2　学习目标 121
　7.3　相关知识 122
　　　7.3.1　自动识别技术概述 122
　　　7.3.2　条形码识别技术 122
　　　7.3.3　RFID技术 124
　　　7.3.4　NFC技术 125
　7.4　实验：安装Keil 127
　　　7.4.1　文件下载 127

　　　　7.4.2　IDE 安装 ·· 127
　　　　7.4.3　环境验证 ·· 131
　7.5　实验：用小米实训箱实现 NFC 读写功能 ·· 132
　　　　7.5.1　文件下载 ·· 132
　　　　7.5.2　环境准备 ·· 132
　　　　7.5.3　实验过程 ·· 133
　习题 ·· 134

项目八　智能制造中的制造执行系统（MES） ·· 135

　8.1　项目要求 ·· 135
　8.2　学习目标 ·· 135
　8.3　相关知识 ·· 136
　　　　8.3.1　MES 概述 ··· 136
　　　　8.3.2　MES 核心模块 ··· 136
　　　　8.3.3　MES 的价值 ·· 137
　8.4　实验：MES 实现仓储管理 ··· 137
　　　　8.4.1　系统登录 ·· 138
　　　　8.4.2　仓库设置 ·· 139
　　　　8.4.3　物料入库 ·· 144
　习题 ·· 151

项目九　物联网通信技术 ·· 152

　9.1　项目要求 ·· 152
　9.2　学习目标 ·· 152
　9.3　相关知识 ·· 153
　　　　9.3.1　物联网通信技术概述 ··· 153
　　　　9.3.2　常见的物联网通信技术 ·· 153
　9.4　实验：实现 Modbus 网络 ·· 156
　　　　9.4.1　实验需求 ·· 156
　　　　9.4.2　安装仿真软件 ·· 157
　　　　9.4.3　组建 Modbus 网络 ·· 159
　9.5　实验：Wi-Fi 通信 ··· 167
　　　　9.5.1　文件下载 ·· 167
　　　　9.5.2　实验环境准备 ·· 168
　　　　9.5.3　程序烧录 ·· 169
　习题 ·· 171

项目一 操作系统基础

本项目以 Windows 10 为例,主要介绍 Windows 操作系统(简称 Windows)的基础操作,其中包括账号管理、磁盘管理、任务管理、文件管理等内容。

1.1 项目要求

(1)能执行 Windows 的基本操作。
(2)能在 Windows 中进行文件管理。
(3)能对 Windows 进行管理操作。

1.2 学习目标

☑ **技能目标**

(1)了解 Windows 的基本使用方法。
(2)掌握 Windows 中账号管理、任务管理、文件管理的相关操作方法。
(3)掌握 Windows 中磁盘设置的操作方法。

☑ **思政目标**

(1)通过介绍操作系统的基本管理功能,让读者认识到在信息技术领域中,系统的正确配置与安全管理是保障用户数据安全和系统稳定运行的重要责任。

(2)通过实践操作,如账户管理、磁盘管理等,培养读者耐心、细致和精益求精的工匠精神,明白信息技术工作中每一个细节都至关重要。

(3)讲解操作系统权限设置时融入了网络安全与隐私保护的法律知识,增强读者的法律意识,明白在处理用户数据时需遵守相关法律法规。

☑ 素养目标

（1）让读者熟练掌握 Windows 的基础操作，其中包括账户管理、磁盘管理、任务管理和文件管理等。

（2）通过实际操作中遇到的问题，培养读者独立分析和解决问题的能力，提升他们的技术实践素养。

（3）在实验环节中，鼓励读者分组合作，通过团队协作完成实验任务，培养沟通协调和团队合作能力。

1.3 相关知识

1.3.1 Windows 账号管理

1．新增用户

新增用户的操作如下。

使用鼠标右键单击"此电脑"图标，在弹出的快捷菜单中单击"管理"选项[1]，如图 1-1 所示。

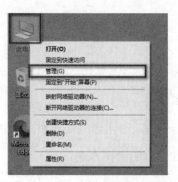

图 1-1 打开管理界面

在弹出的计算机管理界面中依次单击"本地用户和组"→"用户"选项，在界面右侧的空白位置上单击鼠标右键，在弹出的快捷菜单中选择"新用户"选项，如图 1-2 所示。

---

[1] 对于计算机上的具体选项，为了便于表述，本书只引用选项名中的非括注部分，如将"管理(G)"表述为"管理"。

图 1-2 选择"新用户"

在弹出的新用户界面中设置用户信息,在用户名(必填项)输入框中输入 test(界面中的全名、描述、密码等为可选项,可填可不填),勾选"密码永不过期"复选框,并单击"创建"按钮,如图 1-3 所示。之后关闭该界面。

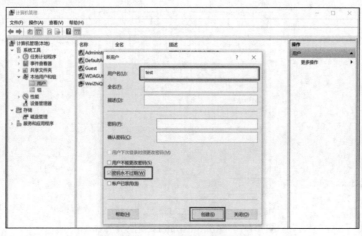

图 1-3 设置用户信息

此时,我们再次在计算机管理界面中依次单击"本地用户和组"→"用户"选项,可以看到刚才创建的 test 用户,如图 1-4 所示。

图 1-4 查看 test 用户

一般情况下，完成上述步骤便已经完成创建账户的操作了。如果需要将 test 用户添加到管理员组，提升其权限，那么单击图 1-5 所示界面左侧"本地用户和组"中的"组"，并双击界面右侧的"Administrators"选项，查看用户组。

图 1-5 查看用户组

在"Administrators 属性"界面中，单击"添加"按钮，如图 1-6 所示。

图 1-6 "Administrators 属性"界面

在图 1-7 所示界面添加用户，单击"输入对象名称来选择（示例）:"下面的"检查名称"按钮，选择刚才新增的用户"test"，并单击"确定"按钮。

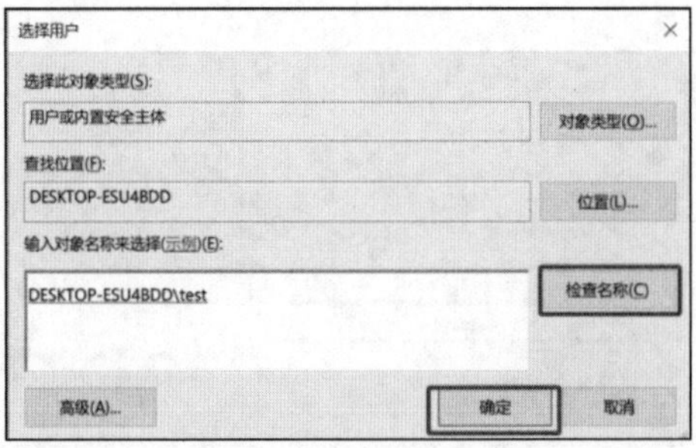

图 1-7 添加用户

在"Administrators 属性"界面单击"应用"按钮,便可将刚才新增的用户"test"添加到管理员组中,之后单击"确定"按钮保存添加操作,如图 1-8 所示。

图 1-8 保存添加用户操作

2. 设置新密码

设置新密码的操作如下。

在"本地用户和组"的"用户"中找到 test 用户,在其上单击鼠标右键,选择弹出的快捷菜单中的"设置密码"选项,在图 1-9 所示界面单击"继续"按钮。之后,在相关界面上按要求进行操作,输入新密码并进行保存,单击"确定"按钮即可。

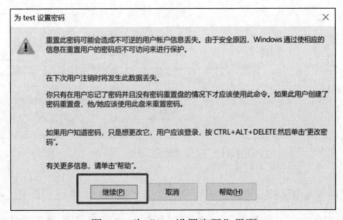

图 1-9 为"test 设置密码"界面

3. 删除用户

在"本地用户和组"的"用户"中找到要删除的用户，这里以删除"test"用户为例，介绍相关操作。在图 1-10 所示界面，用鼠标右键单击"test"，在弹出的快捷菜单中选择"删除"选项，并在弹出的对话框中单击"是"按钮即可。

图 1-10　删除用户界面

1.3.2　磁盘管理

1. 分区管理

（1）创建分区

用鼠标右键单击桌面上的"此电脑"图标，在弹出的快捷菜单中单击"管理"选项，在图 1-11 左侧界面选择"磁盘管理"选项，即可打开"磁盘管理"界面，如图 1-11 右侧界面所示。

图 1-11　打开"磁盘管理"界面

单击要创建简单卷的动态磁盘上的可用空间，一般显示为绿色，即图 1-11 中 42.73G(B) 对应部分，然后依次单击"操作"→"所有任务"→"新建简单卷"选项（或在要创建简单卷的动态磁盘的可分配空间上单击鼠标右键，在弹出的快捷菜单中选择"新建简单卷"选项），即可打开图 1-12 所示"指定卷大小"对话框。我们在该对话框中指定卷的大小，并单击"下一步"按钮。

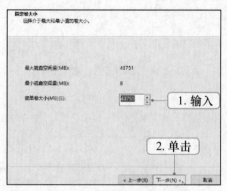

图 1-12　"指定卷大小"界面

在图 1-13 所示界面分配驱动器号和路径，继续单击"下一步"按钮。

图 1-13　"分配驱动器号和路径"界面

在图 1-14 所示设置所需参数，勾选"执行快速格式化"选项，继续单击"下一步"按钮。

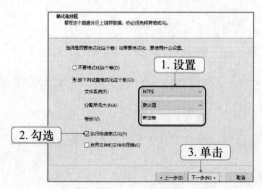

图 1-14　"格式化区分"界面

格式化完成后界面会显示设定的参数,并在界面(这里不展示)上单击"完成"按钮,即可完成创建新建卷的操作。

(2)删除分区

打开"磁盘管理"界面,在需要删除的简单卷上单击鼠标右键,在弹出的快捷菜单中选择"删除卷"选项,或依次单击"操作"→"所有任务"→"删除卷"选项,这时系统弹出提示对话框,单击"是"按钮完成卷的删除,删除后原区域显示为可用空间。上述过程如图1-15所示。

图1-15　分区删除过程

(3)更改驱动器号和路径

按前文所述操作打开"磁盘管理"界面,在要更改的驱动器号的卷上单击鼠标右键,在弹出的快捷菜单中选择"更改驱动器号和路径"选项(或依次单击"操作"→"所有任务"→"更改驱动器号和路径"选项),打开图1-16所示的更改该卷的驱动器号和路径的对话框,在该对话框中单击"更改"按钮。

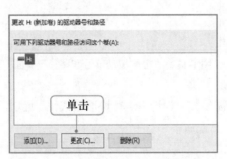

图1-16　更改卷的驱动器号和路径对话框

在图1-17所示的"更改驱动器号和路径"对话框中,从右侧的下拉列表中选择新分配的驱动器号,之后单击"确定"按钮。

在弹出的"磁盘管理"提示对话框中单击"是"按钮,确认对驱动器号的更改,如图1-18所示。

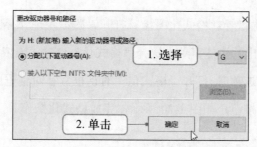

图 1-17 分配驱动器号

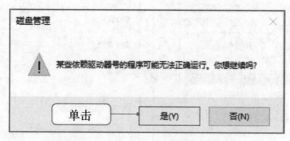

图 1-18 确认对驱动器号的更改

2. 格式化磁盘

我们可以通过资源管理器格式化磁盘。在"资源管理器"界面中用鼠标右键单击需要格式化的磁盘,在弹出的快捷菜单中选择"格式化"选项。这时,系统弹出"格式化本地磁盘"对话框,在该对话框进行格式化设置后单击"开始"按钮即可,如图 1-19 所示。

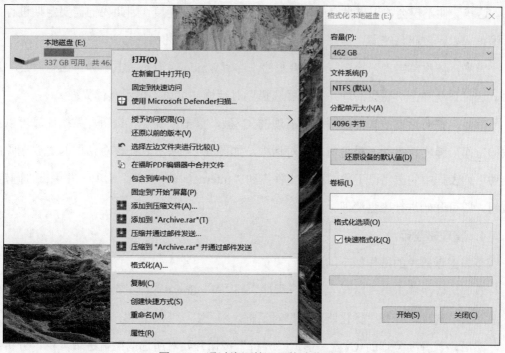

图 1-19 通过资源管理器格式化磁盘

我们还可以通过磁盘管理格式化磁盘。打开"磁盘管理"界面，在要格式化的磁盘上单击鼠标右键，在弹出的快捷菜单中选择"格式化"选项（或依次单击"操作"→"所有任务"→"格式化"选项），打开"格式化"对话框，在对话框中设置格式化限制和参数，之后单击"确定"按钮，如图 1-20 所示，完成格式化操作。

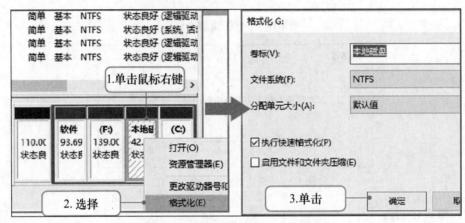

图 1-20　通过磁盘管理格式化磁盘

3．清理磁盘

用户在使用计算机进行读、写以及安装操作时，会留下大量的临时文件和没有用的文件。这些文件不仅会占用磁盘空间，还会降低系统的处理速度，因此我们需要定期进行磁盘清理，以释放磁盘空间，提高系统处理速度。清理磁盘的操作如下。

首先，依次单击"开始"→"所有程序"→"Windows 管理工具"→"磁盘管理"选项，这时系统弹出"磁盘清理：驱动器选择"对话框（这里不展示具体界面）。

然后，在对话框中选择需要进行清理的 C 盘，单击"确定"按钮，系统计算可以释放的空间后弹出该盘的"磁盘清理"对话框，如图 1-21 所示。在该对话框的"要删除的文件"列表框中勾选"已下载的程序文件"和"Internet 临时文件"选项，并单击"确定"按钮，即可开始进行磁盘清理。

4．整理磁盘碎片

整理磁盘碎片的操作如下。

首先，依次单击"开始"→"所有程序"→"Windows 管理工具"→"碎片整理和优化驱动器"选项，打开"优化驱动器"对话框。

然后，选择要整理的 C 盘，单击"分析"按钮开始对所选的磁盘进行分析。分析结束后,单击"优化"按钮,开始对所选的磁盘进行碎片整理,如图 1-22 所示。在"优化驱动器"对话框中,我们还可以同时选择多个磁盘进行分析和优化。

图 1-21　清理磁盘对话框

图 1-22　"优化驱动器"界面

1.3.3　任务管理

任务管理器是 Windows 中的一个重要工具,具有图形化界面,提供实时的系统和进程信息。通过任务管理器，用户可以查看运行中的应用程序、进程、服务等信息。此外，任务管理器还提供结束进程、启动应用程序、监控系统性能等功能。

1. 打开任务管理器

在 Windows 中，打开任务管理器有多种方式，常见的是通过组合键"Ctrl+Shift+Esc"打开。除此之外，用户还可以用鼠标右键单击任务栏，选择"任务管理器"选项打开任务管理器。

2. 任务管理器的界面

任务管理器的界面主要由 7 个选项卡组成，它们分别是进程、性能、应用历史记录、启动、用户、详细信息、服务，如图 1-23 所示。下面重点介绍其中的 5 个选项卡。

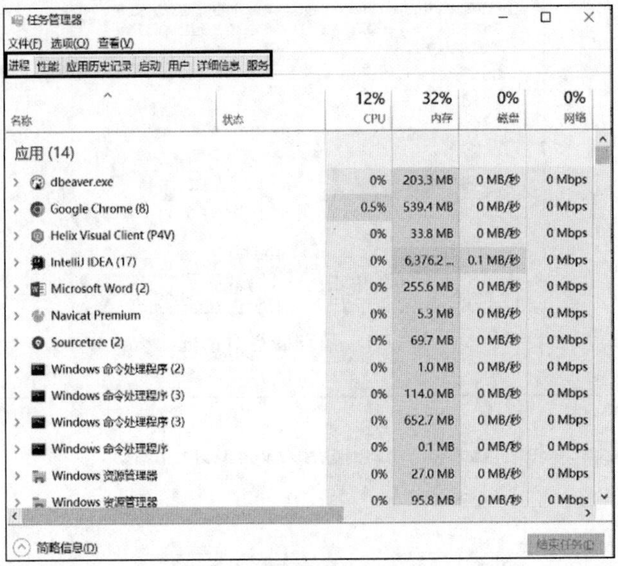

图 1-23　任务管理器界面

（1）进程选项卡：显示当前正在运行的进程，其中包括应用进程和后台进程。用户可以在该选项卡中查看进程对 CPU、内存、磁盘和网络等的占用情况，还可以结束不响应的进程。

（2）性能选项卡：展示系统的性能信息，其中包括 CPU、内存、磁盘等资源的使用情况。用户可以通过这个选项卡了解系统的资源状况，并找到存在的性能瓶颈。

（3）应用历史记录选项卡：展示正在运行的应用程序。用户可以通过这个选项卡查看当前用户和系统账户的资源使用情况，如应用程序/进程的名称、CPU 时间等。

（4）服务选项卡：显示正在运行的系统服务。用户可以通过这个选项卡查看服务的状态和描述，并且可以使用鼠标右键单击具体服务来执行相关操作，如停止或重新启动服务。

（5）启动选项卡：列出系统启动时自动运行的程序。用户可以在这个选项卡中禁用某些程序的自启动功能，以加快系统的启动速度。

3．任务管理器的常用功能

任务管理器提供的以下常用功能可以帮助用户更好地管理系统和进程。

结束进程：当一个程序不响应或占用过多系统资源时，用户可以通过任务管理器结束进程。只要用鼠标右键单击需要结束的进程，在弹出的快捷菜单中选择"结束任务"选项即可。

分析性能瓶颈：通过性能选项卡，用户可以查看系统资源的使用情况，找到可能导致系统性能下降的瓶颈。例如，CPU 占用率过高，用户可以通过性能选项卡中的"资源监视器"功能，查看具体进程的资源占用情况，从而找到问题所在。

监控网络使用情况：在性能选项卡中，单击"资源监视器"选项，用户可以查看网络的使用情况，其中包括网络速度、CPU 使用率等。这对诊断网络问题和监控网络状况非常有帮助。

禁用自启动程序：在启动选项卡中，用户可以禁用一些不必要的自启动程序，以加快系统的启动速度，减少系统资源的占用量。

4．高级功能

除了上述常用功能，任务管理器还提供一些高级功能，以满足更专业的需求，具体如下。

调整优先级：通过进程选项卡，用户可以为某个进程调整优先级，以确保它在系统资源有限的情况下得到更好的运行效果。优先级高的进程会先获得 CPU 的执行时间。

处理器亲和性：在进程选项卡中，用户可以设置某个进程的处理器亲和性。这样，用户可以将某个进程绑定到特定的处理器内核，以提高其运行效率。

导出进程信息：用户可以在进程选项卡中导出当前所有进程的详细信息，其中包括进程名称、CPU 和内存使用情况等，以便进行后续的分析和处理。

1.3.4 文件管理

文件管理主要是在"文件资源管理器"界面中实现的。文件资源管理器将计算机资源分为快速访问、OneDrive、此电脑、网络 4 个基础类别，以及其他应用程序的扩展类别（如 WPS 云盘），方便用户更快地组织、管理及使用资源。

1. 文件系统的相关概念

（1）硬盘分区与盘符

硬盘分区是指将硬盘划分为几个独立的区域，这样可以更加方便地存储和管理数据。格式化可将分区划分成用存储数据的一个个紧邻的小单位，一般在安装操作系统时会对硬盘进行分区。Windows 对磁盘存储设备的标识符一般使用 26 个英文字母和一个冒号":"，如"本地磁盘(C:)"，其中的"C"就是该盘的盘符。

（2）文件

文件是指保存在计算机中的各种信息和数据。计算机中的文件类型有很多，如文档、表格、图片、音乐、应用程序等类型。在默认情况下，文件在计算机中是以图标形式显示的，由文件图标和文件名称两部分组成。

（3）文件夹

文件夹用于保存和管理计算机中的文件，其本身没有任何内容，却可包含多个文件和子文件夹，让用户能够快速地找到所需的文件。文件夹一般由文件夹图标和文件夹名称两部分组成。

（4）文件路径

在对文件进行操作时，除了需要知道文件名，还需要指出文件所在的盘符和文件夹，即文件在计算机中的位置，人们称之为文件路径。文件路径包括相对路径和绝对路径两种。相对路径是以"."（表示当前文件夹）、".."（表示上级文件夹）或文件夹名称（表示当前文件夹中的子文件名）开头，例如"..\a.txt"。绝对路径是指文件或目录在硬盘上存储的绝对位置。

2. 文件管理界面

双击桌面上的"此电脑"图标或单击任务栏上的"文件资源管理器"按钮，打开文件资源管理器对话框，单击界面左侧的图标，可按层级展开相应文件夹，选择文件夹后，界面右侧将显示相应的文件内容。

3. 文件或文件夹操作

（1）选中单个文件或文件夹

单击文件或文件夹图标即可将其选中，被选中的文件或文件夹的周围将出现阴影。

图 1-24 所示为选中单个文件夹的效果,可见选中的文件夹四周变暗,与周围其他未选中的文件夹明显不同。

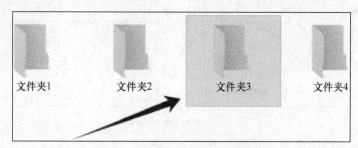

图 1-24　选中单个文件夹的效果

（2）新建文件或文件夹

新建文件是指根据计算机中已安装的程序类别,新建一个相应类型的空白文件,新建后可以双击打开该文件并编辑文件内容。如果需要将一些文件分类整理在一个文件夹中,以便日后管理,那么可以新建文件夹,将相关文件移动到该文件夹即可。

（3）移动、复制、重命名文件或文件夹

移动文件或文件夹是指将文件或文件夹移动到另一个文件夹中,原文件夹下的文件或文件夹将不存在。复制文件或文件夹相当于为文件或文件夹做一个备份,原文件夹下的文件或文件夹仍然存在。重命名文件或文件夹是指为文件或文件夹更换一个名称。

（4）删除和还原文件或文件夹

删除一些没有用的文件或文件夹,可以释放磁盘空间,同时也便于管理相关资源。删除的文件或文件夹（非永久删除）实际上是被移动到"回收站"中,若误删除文件或文件夹,可以在"回收站"中执行还原操作,将其放回原处。

（5）搜索文件或文件夹

如果不知道文件或文件夹在磁盘中的位置,用户可以使用搜索功能进行查找。

（6）库的使用

在 Windows 中,库的功能类似于文件夹,但它只提供管理文件的索引,即用户可以通过库直接访问相关文件,而不需要通过保存文件的位置来查找。由此可知,文件并没有被真正地存储在库中。Windows 自带了视频、图片、文档、下载、音乐等多个库,如图 1-25 所示。用户可将常用文件添加到相应的库中,也可以根据需要新建库。

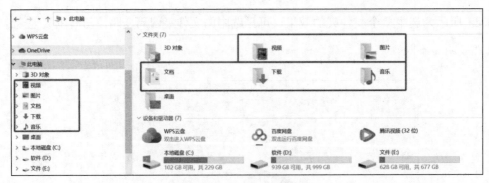

图 1-25　Windows 中的库

1.4 实验：个人计算机进阶操作

1.4.1 账户管理

1. 创建用户账户

创建用户账户的步骤如下。

步骤 1：打开 Windows 中的"设置"界面。

步骤 2：选择"账户"选项。

步骤 3：选择"家庭和其他用户"选项。

步骤 4：在"其他用户"下，选择"将其他人添加到这台电脑"选项，如图 1-26 所示。

图 1-26　添加账户

步骤 5：选择"我没有这个人的登录信息"选项，如图 1-27 所示。

图 1-27　设置新账户登录方式

步骤 6：选择"添加一个没有 Microsoft 账户的用户"选项，如图 1-28 所示。

图 1-28　"创建账户"界面

步骤7：在"为这台电脑创建账户"界面中，设置新账户信息。如果密码丢失，那么可以通过设置的安全问题和答案恢复账户，如图1-29所示。

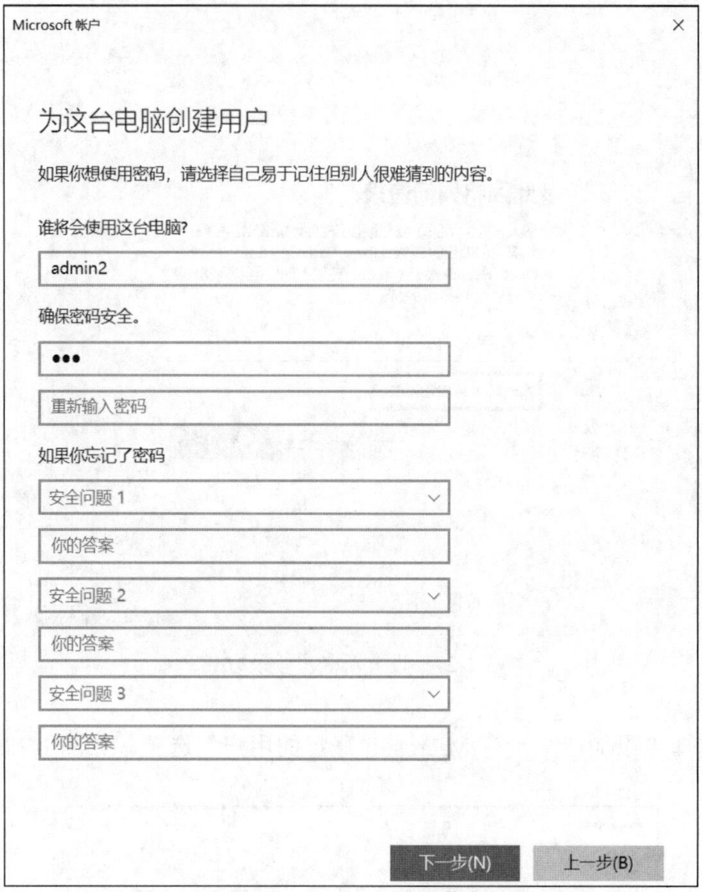

图1-29　设置新账户信息

步骤8：在图1-29所示界面单击"下一步"按钮，完成新账户的创建。

完成这些步骤后，新的本地账户将出现在"其他用户"下。需要注意的是，出于安全原因，Windows在创建每个新账户时，都会赋予其限制系统可用性的标准权限。如果希望新用户拥有更多权限来安装应用程序或进行系统更改，那么可以将账户类型更改为"管理员"。

2. 修改用户密码

修改用户密码的步骤如下。

步骤1：通过组合键"Ctrl + Alt + Delete"进入图1-30所示界面，选择"更改密码"选项。

图 1-30 更改密码

步骤 2：输入旧密码和所需的新密码，并对输入的新密码进行确认，如图 1-31 所示。之后按回车键即可。

图 1-31 设置新密码

3．删除用户账户

删除用户账户的步骤如下。

步骤 1：打开"设置"界面。

步骤 2：选择"账户"选项。

步骤 3：选择"家庭和其他人"选项。

步骤 4：在"家庭和其他用户"界面的"其他用户"区域，选择要删除的账户，如本地账户 admin2。单击"删除"按钮，如图 1-32 所示。

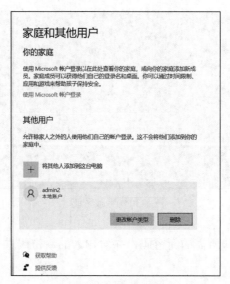

图 1-32　删除账户

步骤 6：单击"删除账户和数据"按钮，确认删除账户，如图 1-33 所示。

图 1-33　确认删除账户

完成这些步骤后，系统将删除相应的用户账户和数据。

1.4.2　磁盘管理

1. 创建、格式化和删除磁盘分区

（1）磁盘分区的概念

磁盘分区是指将物理硬盘划分为若干个逻辑部分的过程。每个磁盘分区都被视为一个独立的存储设备，可以独立进行管理和格式化处理。磁盘分区的主要目的是提高文件系统的运行效率，助益数据的组织和管理。

（2）打开磁盘管理工具

在 Windows 中，我们可以通过以下方法打开磁盘管理工具。

方法 1：按下组合键"Win+X"，在弹出的快捷菜单中选择"磁盘管理"选项，即可打开磁盘管理工具。

方法 2：打开控制面板，选择"系统和安全"选项，单击"管理工具"按钮，之后选择"磁盘管理"选项，即可打开磁盘管理工具。

2．管理文件系统

（1）文件分类与整理

文件的分类与整理有以下几种方法。

使用文件夹和子文件夹进行分类：将文件按照不同的类别放入相应的文件夹或子文件夹中，以便查找和管理。

使用标签和关键词进行分类：给文件添加标签和关键词，这样我们可以通过搜索功能快速找到需要的文件。

使用文件名规范：在给文件命名时，我们可以采用一定的规范，如使用日期或项目名称，便于文件的快速识别和排序。

（2）快速访问和搜索文件

文件的快速访问和搜索有以下几种方法。

使用快速访问功能：将常用的文件和文件夹固定在"快速访问"栏中，我们可以快速打开和访问所需文件。

使用搜索功能：在文件资源管理器中使用搜索功能，我们可以根据文件名、标签、关键词等快速找到需要的文件。

使用筛选功能：在文件夹中，我们可以根据文件属性（如大小、日期等）进行筛选，从而快速找到符合条件的文件。

（3）文件备份和恢复

文件的备份和恢复有以下几种方法。

使用云存储服务：将重要的文件备份到云存储（如 WPS 云盘）中，这样可以避免文件的丢失和损坏。

定期备份文件：定期将重要的文件备份到外部存储设备，这样可以防止因计算机故障而丢失文件。

使用文件历史功能：Windows 提供了文件历史功能，可以自动备份文件的不同版本，方便恢复误操作或丢失的文件。

（4）文件共享和协作

文件的共享和协作有以下几种方法。

使用共享文件夹：将需要共享的文件放入共享文件夹，这样可以方便他人访问和编辑相关文件。

使用云存储协作：将文件上传到云存储（如 WPS 云盘）中，并与他人共享，这样可以实现多人协作编辑和版本控制。

使用远程桌面功能：通过远程桌面功能，我们可以远程访问其他开通了远程访问功能的计算机，方便文件共享和协作。

3．执行磁盘清理和碎片整理操作

（1）Windows 磁盘碎片及其整理

随着计算机硬盘使用时间的增加，磁盘上会产生大量的垃圾碎片。这些碎片会分布在磁盘的各个角落，严重影响磁盘的响应速度。为了提高系统性能，定期使用 Windows 磁盘碎片整理工具进行碎片整理是非常有必要的。通过碎片整理，系统可以重新组织磁盘上的数据，使其更加紧凑和有序，从而提升系统的响应速度，甚至整体性能。

图 1-34 展示了 Windows 磁盘碎片整理前后的对比。Windows 磁盘碎片整理的目的是将分布散乱的数据整理到一起，以便更高效地进行读/写操作。也就是说，碎片整理可以看作将分散的数据片段重新整合，让它们连续地存储在一起，这样读取和写入数据时会更加高效。通过磁盘碎片整理，硬盘的数据存储布局得到了优化，进而提高了系统的响应速度。

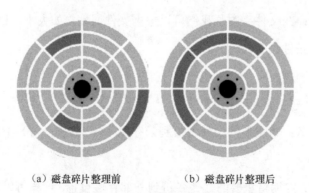

(a) 磁盘碎片整理前　　　(b) 磁盘碎片整理后

图 1-34　磁盘碎片整理前后的对比

（2）Windows 磁盘碎片整理的具体操作

打开优化驱动器，进行 Windows 磁盘碎片整理的方法有以下几种。

方法 1：在任务栏的搜索框中输入"碎片管理和优化驱动器"，并在搜索结果中选择"打开"选项，如图 1-35 所示，即可打开"优化驱动器"界面。

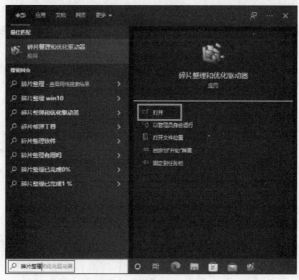

图 1-35　碎片整理方法 1

方法 2：单击左下角"开始"菜单，选择"Windows 管理工具"选项，在打开的界面中找到并打开"碎片管理和优化驱动器"，如图 1-36 所示，即可打开"优化驱动器"界面。

图 1-36　碎片整理方法 2

方法 3：在 Windows 文件资源管理器或磁盘管理中选择需要优化的分区，如 C 盘，使用鼠标右键单击该盘，在弹出的快捷菜单中选择"属性"。在弹出的属性界面中切换到工具选项卡，这里可以看到"对驱动器进行优化和碎片整理"，单击其中的"优化"按钮，即可打开"优化驱动器"界面。

方法 4：通过组合键"Win + R"打开运行对话框，输入"dfrgui.exe"，单击"确定"按钮或按回车键，即可打开"优化驱动器"界面。

在图 1-37 所示"优化驱动器"界面中选择需要进行碎片整理的卷，单击"优化"按钮，即可实现对 Windows 磁盘碎片的整理。

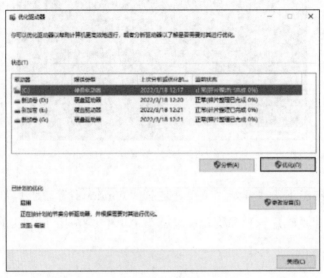

图 1-37　"优化驱动器"界面

如果用户希望取消磁盘碎片定期整理，那么单击图 1-37 中的"更改设置"按钮，在弹出的界面中取消勾选"优化计划"的"按计划运行"前的选项框即可。

1.4.3　任务管理

在 Windows 中，打开任务管理器有以下几种方法。

方法 1：使用组合键。按下组合键"Ctrl + Shift + Esc"，可以直接打开"任务管理器"界面。

方法 2：使用"开始"菜单的搜索功能。单击"开始"菜单按钮，在搜索框中输入"任务管理器"。这时会出现多个搜索结果，从中选择"任务管理器"，单击"打开"选项，即可打开"任务管理器"界面。

方法 3：使用运行对话框。按下组合键"Win + R"来打开运行对话框，在对话框中输入"taskmgr"（不输入引号），然后单击"确定"按钮或按下回车键，即可打开"任务管理器"界面。

任务管理器界面如图 1-38 所示，在其中可以查看运行中的进程。当需要结束一个进程时，只需要用鼠标右键单击该进程，在弹出的快捷菜单中选择"结束任务"就可以了。此外，任务管理器也可以监控各个进程对资源的占有情况。

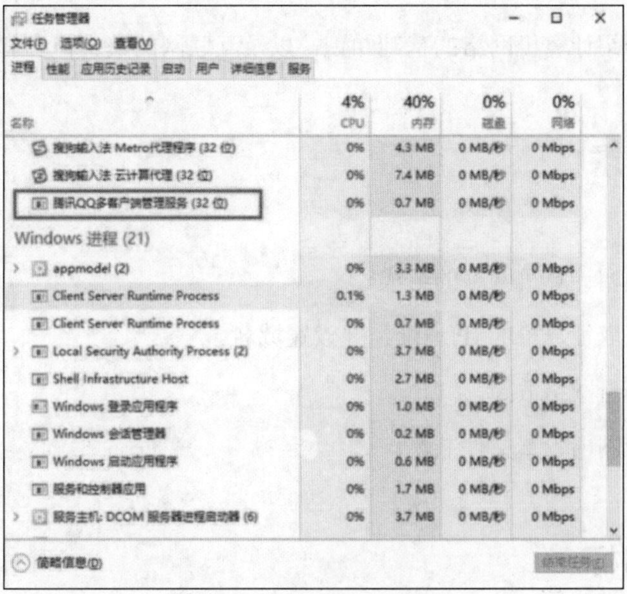

图 1-38 "任务管理器"界面

习 题

1. 练习 Windows 的资源管理操作，如文件管理、文件和文件夹的基本操作、回收站的管理、资源管理器的使用、搜索资源等。

2. 练习 Windows 的硬件设备安装与驱动管理操作，如安装新硬件设备、安装硬件驱动程序、管理已安装的硬件设备、驱动程序管理工具的使用等。

3. 练习 Windows 应用软件的安装与管理操作。

4. 练习 Windows 系统环境的定制，如设置任务栏、"开始"菜单等。

项目二 计算机网络与互联网

本项目主要介绍计算机网络的基础知识,以及互联网的基本概念和应用。

2.1 项目要求

(1)能简要说明计算机网络的组成。
(2)能独立获取计算机的 IP 地址,并设置域名。
(3)能简单排查网络故障。
(4)能在局域网内设置文件共享。

2.2 学习目标

☑ 技能目标

(1)熟悉计算机网络的组成和分类。
(2)了解局域网和互联网定义的基础知识。
(3)掌握互联网的基本应用方法。

☑ 思政目标

(1)在学习互联网基本概念和网络安全内容时,要准确理解网络安全对国家安全的重要性,培养国家安全意识。
(2)通过分析网络行为规范和案例,帮助读者树立正确的网络伦理观,做到文明上网,拒绝网络暴力,维护网络环境的清朗。
(3)通过计算机网络的发展历程和前沿技术,激发读者的科技新热情,让他们积极投身于信息技术领域的研究与发展。

☑ 素养目标

（1）能够理解计算机网络的组成和分类，掌握互联网的基本操作，如配置 IP 地址、解析 DNS。

（2）通过实验操作，如使用 ping 命令排查网络故障，让读者具备信息检索与分析能力，提高解决网络问题的能力。

（3）在分析网络案例和讨论网络伦理时，锻炼读者的批判性思维能力，学会独立思考和理性判断。

2.3 相关知识

2.3.1 计算机网络概述

在计算机网络发展的不同阶段，人们对计算机网络的理解和侧重点不同，因而提出了不同的计算机网络定义。从资源共享的观点出发，人们通常将计算机网络定义为以能够相互共享资源的方式连接起来的独立的计算机系统的集合。也就是说，将相互独立的计算机系统以通信线路相连接，采用网络协议进行数据通信，实现网络资源共享，这便是计算机网络。

2.3.2 计算机网络的组成和分类

1. 计算机网络的组成

（1）计算机系统

计算机系统是计算机网络的基本组成部分，主要完成数据的收集、存储、管理和输出，并提供各种网络资源。根据在计算机网络中的用途，计算机系统一般分为主机和终端两部分。

主机（host）：在很多时候称为服务器（server），是一台高性能计算机，用于管理网络、运行应用程序和处理终端的请求。

终端（terminal）：网络中用户进行网络操作、实现人机交互的重要工具，在局域网中通常称为工作站（workstation）或客户机（client），它的性能一般低于服务器的性能。终端接入互联网后，在获取互联网服务的同时，其本身也会成为一台互联网上的工作站。网络工作站（一种终端）需要运行网络操作系统的客户端软件。

（2）数据通信系统

数据通信系统是连接网络的桥梁，采用连接技术和交换技术来实现数据通信，其主要任务是把数据源计算机所产生的数据迅速、可靠、准确地传输到数据宿（目的）计算机或专用外接设备（简称外设）中。

一个完整的数据通信系统一般由数据终端设备、通信控制器、通信信道和信号转换器四部分组成。

（3）网络软件

网络软件是计算机网络中不可或缺的组成部分。网络的正常工作需要网络软件的控制，如同单台计算机在软件的控制下工作一样。一方面，网络软件授予用户对网络资源访问权限，帮助用户方便、快速地访问网络。另一方面，网络软件也能够管理和调度网络资源，提供网络通信和用户所需要的各种网络服务。

通常情况下，网络软件分为通信软件、网络协议软件和网络操作系统 3 种。

（4）通信子网和资源子网

从功能上看，计算机网络主要具有网络通信和资源共享两大功能。要实现这两大功能，计算机网络必须具有数据通信和数据处理能力，因此，计算机网络可以从逻辑上划分成两个子网，即通信子网和资源子网。

通信子网主要负责网络的数据通信，为用户提供数据传输、转接、加工和转换等数据处理服务，由通信控制处理机（又称为网络节点）、通信线路、网络通信协议及通信控制软件组成。

资源子网用于网络的数据处理功能，向网络用户提供各种网络资源和网络服务，主要包括通信线路（传输介质）、网络连接设备（如网络接口设备、通信控制处理机、网桥、路由器、交换机、网关、调制解调器和卫星地面数据接收站等）、网络通信协议和通信控制软件等。

通信子网和资源子网的关系如图 2-1 所示。

2．计算机网络的分类

按网络覆盖的地理范围，计算机网络可以分为局域网（local area network，LAN）、城域网（metropolitan area network，MAN）和广域网（wide area network，WAN）。

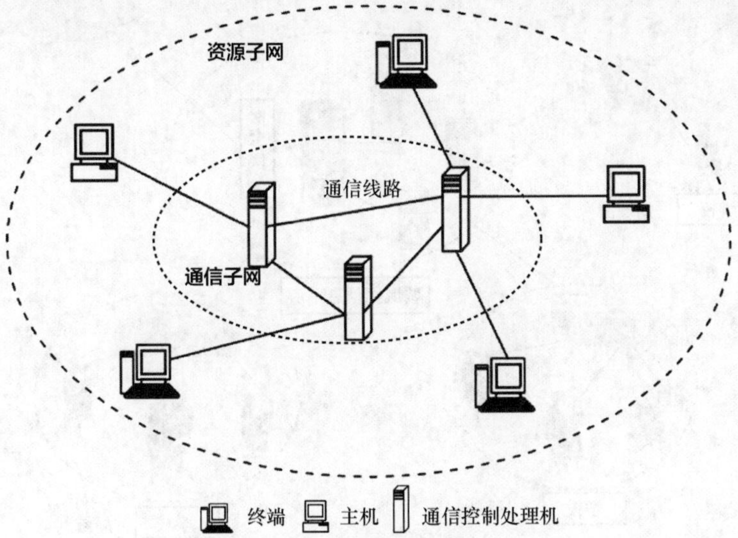

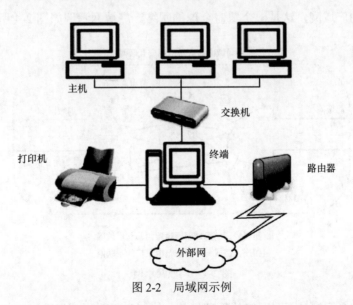

图 2-1　通信子网和资源子网的关系

局域网：一种将较小地理区域内的计算机或数据终端设备连接在一起的通信网络，其传输距离小于 10 km，主要用于实现短距离的资源共享。局域网示例如图 2-2 所示。

图 2-2　局域网示例

城域网：一种大型的通信网络，其覆盖范围介于局域网和广域网之间，一般覆盖一个城市的地理范围。它将位于一个城市之内不同地点的多个局域网连接起来，实现资源共享。城域网示例如图 2-3 所示。

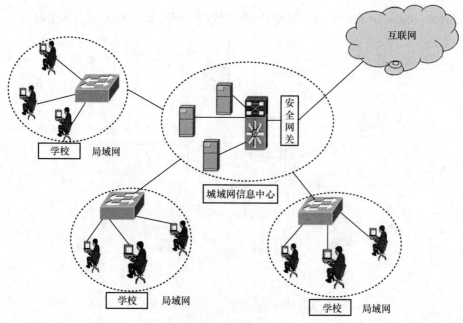

图 2-3 城域网示例

广域网：连接不同地区的局域网或城域网的计算机通信的远程网。它的物理范围大，可以连接多个地区、城市和国家，或横跨几个洲，形成国际性的远程网络。目前，互联网是世界上最大的广域网，这是一个覆盖全球的网络。广域网示例如图 2-4 所示。

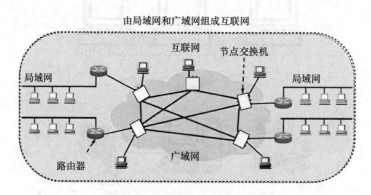

距离较远的局域网通过路由器与广域网
相连，组成一个覆盖范围很广的互联网

图 2-4 广域网示例

世界上有许多网络，不同网络的物理结构、协议和所采用的标准也不相同。如果连接到不同网络的用户需要通信，就需要将这些不兼容的网络通过称为网关的设备连接起来，并由网关完成相应的转换任务。

2.3.3 网络传输介质和网络通信设备

1. 网络传输介质

网络传输介质包括有线传输介质和无线传输介质两种。

常用的有线传输介质主要包括双绞线、同轴电缆和光纤 3 种。

无线传输介质主要包括无线电波、微波、红外线、激光和卫星通信。无线局域网就是一种由无线传输介质和网络设备组成的局域网。

2. 网络通信设备

（1）网络接口卡

网络接口卡（network interface card，NIC）又称为网络适配器或者网卡，是一种将计算机或其他类型的节点连接到网络的输入输出器件。网卡包括有线网卡和无线网卡两种。

有线网卡必须通过有线传输介质连接网络设备和计算机，才能实现设备对网络的访问。有线网卡主要包括 PCI 网卡、集成网卡和 USB 网卡 3 种类型。PCI 网卡和集成网卡通常安装在网络设备的主板上，而 USB 网卡通过 USB 接口与计算机相连。

无线网卡是指在无线局域网的无线网络信号覆盖下，通过无线连接网络进行上网活动而使用的无线终端设备。目前的无线网卡主要有 PCMCIA 网卡（个人计算机网卡），它是专为笔记本计算机而设计的无线网卡。

（2）路由器

路由器是一种连接多个网络或网段的网络设备。它能对不同网络或网段之间的数据信息进行"翻译"，使不同网络或网段之间能够相互"读懂"对方的数据，从而构成一个更大的网络。

路由器的主要工作是为经过路由器的每个数据帧寻找一条最佳传输路径，并将该数据有效地传输到目的节点。路由器是网络与外界的通信出口，也是联系内部子网的桥梁。

（3）交换机

交换机是一种用于转发数据的网络设备，可以为接入交换机的任意两个网络节点提供独享的传输通路。常见的交换机是以太网交换机，其他类型的交换机还有电话语音交换机、光纤交换机等。

2.3.4 计算机网络的设置与使用

1. IP 地址查询和设置

（1）IP 地址定义

IP 地址是互联网上用于识别和定位设备的唯一地址。它是一个由 32 bit（IPv4）或 128 bit（IPv6）二进制数组成的标识符。在互联网通信中，每台设备（如计算机、移动终端、路由器等）都需要拥有唯一的 IP 地址，以便进行数据传输。

（2）查询 IP 地址

查询 IP 地址的操作如下。

首先，按组合键"Win+R"，在运行对话框中输入"cmd"（不含双引号），单击"确定"按钮或按回车键。

然后，在弹出的界面中输入 ipconfig 命令，即可查询 IP 地址，得到的结果如图 2-5 所示。这里的 IPv4 地址即本地 IP 地址。如果一台计算机还配置了其他系统，那么查询结果中也会显示其他系统的 IP 地址，比如虚拟机的 IP 地址。

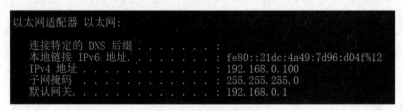

图 2-5 查询 IP 地址

（3）设置固定 IP 地址

固定 IP 地址可以使远程访问设备更加便捷。如果需要从外部网络访问设备或者进行远程办公，那么固定 IP 地址可以提供一个固定的网络入口点，而不需要频繁更改 IP 地址。

在图 2-6 所示"设置"界面上，先依次单击界面左侧的"网络和 Internet"选项和"状态"选项，再单击"更改适配器选项"，这时系统会弹出目前连接的网络。

选中目前在用的网络，单击鼠标右键，在弹出的快捷菜单中选择"属性"，系统弹出图 2-7 所示"WLAN 属性"界面。在该对话框中勾选"Internet 协议版本 4(TCP/IPv4)"复选框，然后单击"属性"按钮，系统弹出图 2-8 所示界面。

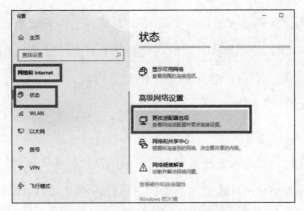

图 2-6 "设置"界面更改适配器选项

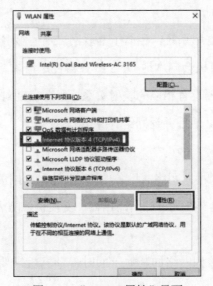

图 2-7 "WLAN 属性"界面

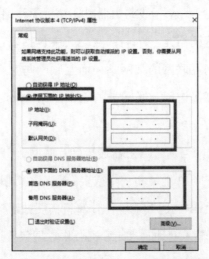

图 2-8 "Internet 协议版本 4(TCP/IPv4)属性"界面

图 2-8 所示界面默认的选项是自动获取 IP 地址，这会导致每次远程连接时都要先查询当前的 IP 地址，非常不便于操作。我们在此界面上勾选"使用下面的 IP 地址"选项，并设置固定 IP 地址的相关信息，这样便可将 IP 地址设置为固定值了。

2．DNS 和网关

（1）DNS

当需要访问一个网站时，人们通常会在浏览器的地址栏输入该网站的网址。但是，所用计算机不能直接通过这个网址连接到网络的目标服务器上，因为计算机只知道如何根据 IP 地址而不是网址来定位服务器，这时需要通过域名系统（domain name system，DNS）将网址转换为相应的 IP 地址。

DNS 是一种分布式数据库系统，存储了互联网上所有域名和相应 IP 地址之间的映射关系。当访问网站时，计算机会向本地 DNS 服务器发送请求，询问目标域名所对应的 IP 地址。如果本地 DNS 服务器没有相应的映射关系，那么它会向较高级别的 DNS 服务器发送请求，直至找到所需的 IP 地址并返回给计算机。

（2）网关

网关地址是指连接两个不同网络的设备的 IP 地址，而网关就是连接两个不同子网的设备，实现数据传输的桥梁。网关可以是路由器、交换机、防火墙等设备，也可以是运行特定网络服务的主机或服务器。

当一台计算机需要连接到网络的其他子网时，计算机需要通过网关才能访问这些子网。换句话说，网关地址就是目标网络的默认出口地址，将数据包从本地网络发送到目标网络。例如，当计算机连接到一个无线路由器时，这个无线路由器就是计算机的网关。

举个具体的例子。家庭网络是一个局域网，其中包括多台计算机和多个智能设备。假设其中一台计算机想访问互联网的某网站，而互联网与家庭网络不在同一个子网内，也就是说，家庭网络无法直接访问互联网上的这个网站，此时可以通过网关连接到互联网上。

一种常见的情况是家庭网络通过路由器连接到互联网上，路由器充当着家庭网络和互联网之间的桥梁，有一个公共 IP 地址和一个或多个私有 IP 地址。在这种情况下，路由器的私有 IP 地址就是家庭网络中的网关地址，计算机需要知道这个地址才能访问互联网上的网站。当用户在浏览器中输入网址时，计算机会将数据包发送到网关地址，由路由器将数据包转发到互联网上的对应服务器上，实现网络通信。

3. 防火墙

防火墙是一种用来加强网络之间访问控制的特殊网络互联设备。所有网络通信数据均要经过此防火墙，防火墙对流经它的网络通信数据进行检测，并依据特定的规则，允许或限制传输的数据通过，这样能够过滤一些攻击，以免其在目标计算机上被执行。防火墙可以关闭不使用的端口，而且能禁止特定端口的传输数据。此外，防火墙可以禁止特殊网站的访问，从而防止来自不明入侵者的所有通信数据。

防火墙可以分为以下 3 类。

（1）网络层防火墙

网络层防火墙保护整个网络不受非法入侵，其典型技术是包过滤技术，即检查进入网络的分组，将不符合预先设定标准的分组过滤掉，而让符合标准的分组通过。包过滤技术主要基于路由技术，依据静态或动态的过滤逻辑，在转发数据包之前根据数据包的目的地址、源地址及端口号来过滤数据包。

（2）应用级网关防火墙

应用级网关防火墙控制对应用程序的访问，即允许访问某些应用程序，阻止访问其他应用程序。采用的方法是在应用层网关上安装代理软件，每个代理模块分别针对不同的应用。例如，远程登录代理负责远程终端协议在防火墙上的转发，文件传输代理负责 FTP 报文在防火墙上的转发。管理员可以根据需要安装相应的代理，用以控制对应用程序的访问。各个代理模块相互独立，即使某个代理模块发生故障，也不会影响其他代理模块的正常工作。这种防火墙又叫作代理防火墙，由代理服务器和过滤路由器组成，是目前较流行的一种防火墙。

（3）监测型防火墙

监测型防火墙是一种较新的产品。这一技术实际已经超越了最初的防火墙定义。监测型防火墙能够对各层的数据进行主动、实时的监测，在对这些数据加以分析的基础上，监测型防火墙能够有效地判断出各层的非法侵入。同时，监测型防火墙一般带有分布式探测器。这些探测器部署在各种应用服务器和其他网络的节点之中，不仅能够监测来自网络外部的攻击，而且对来自网络内部的恶意破坏有极强的防范作用。

2.3.5 互联网简介

互联网是一个全球最大、连接能力最强，由遍布世界各地的大大小小的网络相互连接而成的计算机网络。互联网主要采用 TCP/IP 协议族,它使网络上的各计算机可以相互交换信息。互联网将全球范围内的网络连接在一起,形成一个资源十分丰富的信息库。在人们的工作、生活和社会活动中,互联网起着越来越重要的作用。

1. 互联网基本概念

(1) TCP/IP

TCP/IP 是互联网的基础通信架构,该架构包括传输控制协议(transmission control protocol,TCP)和网际协议(Internet protocol,IP)两个核心协议。TCP/IP 提供了点对点的链接机制,规范了数据如何封装、定址、传输、路由,以及目的地如何接收数据。IP 负责数据包(packet)的传送接收等无连接工作,TCP 负责建立连接,提供端到端的、可靠的、面向连接的服务。随着 TCP/IP 在各个行业中的成功应用,它已成为事实上的网络标准。

(2) IP 地址

IP 地址即网络协议地址。连接在互联网上的每台主机都有一个唯一的 IP 地址。一个 IP 地址由大小为 4 B(32 bit)的二进制数组成,各字节间通常用小圆点分隔,每个字节通常用十进制数表示。例如,192.168.1.51 就是一个典型的 IP 地址。IP 地址通常可分成两部分,第一部分是网络号,第二部分是主机号。

IP 地址可以分为 A 类、B 类、C 类、D 类、E 类等 5 类。每个字节的取值范围为 0~255,通过第一个字节值的所在范围可判断 IP 地址的类别,具体为:

- 0~127 为 A 类;
- 128~191 为 B 类;
- 192~223 为 C 类;
- D 类地址留给互联网架构委员会(Internet Architecture Board,IAB)使用;
- E 类地址保留在今后使用。

(3) 域名系统

域名系统由若干个子域名构成,子域名之间用小圆点分隔。

每一级的子域名由英文字母和数字组成(不超过 63 个字符,并且不区分大小写字母),级别最低的子域名写在最左边,而级别最高的顶级域名写在最右边。一个完整的域名不超过 255 个字符,其子域级数一般不予限制。

（4）统一资源定位

在互联网上，每一个信息资源都有唯一的地址，该地址叫统一资源定位符（uniform resource locator，URL）。URL 由资源类型、主机域名、资源文件路径和资源文件名 4 部分组成，其格式为：资源类型://主机域名/资源文件路径/资源文件名。

（5）超文本传输协议

超文本传输协议（hypertext transfer protocol，HTTP）是一种传输由超文本标记语言（hypertext markup language，HTML）编写的文本协议，这种文本就是通常所说的网页。有了 HTTP，浏览器和服务器之间才能够通信，使用户可以浏览网络中的各种信息。网页就是 Web 站点上的 HTML 文档，是构成网站的基本元素，也是承载各种网站应用的平台。

2．网络的接入

光纤是目前宽带网络中多种传输媒介中最理想的媒介。它具有传输容量大、传输质量高、损耗低、中继距离长等优点。

光纤连接网络一般有两种形式：一种是先通过光纤接入小区节点，再由网线连接到各个共享节点上；另一种是光纤到户，将光网络单元直接放到用户家中。

3．互联网的应用

（1）电子邮件

在使用电子邮件时，人们经常会使用以下功能。

收件人：邮件的接收者，需要输入收件人的邮箱地址。

主题：邮件的主题，即邮件的名称，体现邮件的核心内容。

抄送：同时接收该邮件的其他人，需要输入相关人员的邮箱地址。在抄送方式下，收件人能够看到发件人将该邮件抄送给了谁。

密件抄送：用户给收件人发出邮件的同时将该邮件发送给其他人。与抄送不同的是，收件人并不知道发件人还将该邮件发送给了哪些对象。

附件：随同邮件一起发送的附加文件。附件可以是各种形式的单个文件。

正文：电子邮件的主体部分，即邮件的详细内容。

（2）文件传输

文件传输是指通过网络将文件从一个计算机系统复制到另一个计算机系统的过程。互联网是通过 FTP 实现文件传输的。通过 FTP，文件可从一台计算机传输到另一台计算机上，无须考虑这两台计算机使用的操作系统是否相同，相隔的距离有多远。

（3）搜索引擎

搜索引擎是专门用来查询信息的网站。这些网站可以提供全面的信息查询。搜索引擎主要包括信息搜集、信息处理和信息查询功能。目前，常用的搜索引擎有百度、搜狗、搜狐、360搜索、搜搜等。

2.4 实验：计算机网络基本操作

2.4.1 使用 ping 命令排查网络故障

ping 命令是一个使用频率极高的互联网控制报文协议（Internet control message protocol，ICMP）的命令，用于确定本地主机是否能与另一台主机交换（发送和接收）数据包。根据返回的信息，人们可以推断协议参数是否设置正确，以及通信是否正常。简单来说，ping 命令就是一个连通性测试命令。在 Windows 上运行 ping 命令，系统会发送 4 个 ICMP 请求报文。如果网络正常，那么系统会收到 4 个应答报文。按组合键"Win+R"打开运行对话框，输入"cmd"进入命令提示符界面，即可使用 ping 命令。

1. 使用 ipconfig 命令查看本机网络信息

ipconfig 命令的作用是显示当前的 Windows 配置值，可选择多个参数，查看不同内容。最常用的命令是 ipconfig /all，它可以给出所有接口的详细配置信息，如本机 IP 地址、子网掩码、网关、DNS 服务器、物理地址（MAC 地址）等。在命令提示符界面输入"ipconfig /all"，按回车键，即可获得上述信息。使用 ipconfig /all 命令查看的本机 IP 地址如图 2-9 所示。

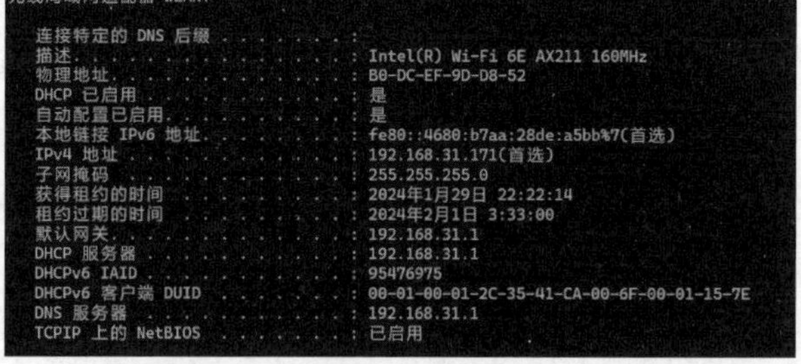

```
无线局域网适配器 WLAN:

   连接特定的 DNS 后缀 . . . . . . . :
   描述. . . . . . . . . . . . . . . : Intel(R) Wi-Fi 6E AX211 160MHz
   物理地址. . . . . . . . . . . . . : B0-DC-EF-9D-D8-52
   DHCP 已启用 . . . . . . . . . . . : 是
   自动配置已启用. . . . . . . . . . : 是
   本地链接 IPv6 地址. . . . . . . . : fe80::4680:b7aa:28de:a5bb%7(首选)
   IPv4 地址 . . . . . . . . . . . . : 192.168.31.171(首选)
   子网掩码  . . . . . . . . . . . . : 255.255.255.0
   获得租约的时间  . . . . . . . . . : 2024年1月29日 22:22:14
   租约过期的时间  . . . . . . . . . : 2024年2月1日 3:33:00
   默认网关. . . . . . . . . . . . . : 192.168.31.1
   DHCP 服务器 . . . . . . . . . . . : 192.168.31.1
   DHCPv6 IAID . . . . . . . . . . . : 95476975
   DHCPv6 客户端 DUID. . . . . . . . : 00-01-00-01-2C-35-41-CA-00-6F-00-01-15-7E
   DNS 服务器  . . . . . . . . . . . : 192.168.31.1
   TCPIP 上的 NetBIOS  . . . . . . . : 已启用
```

图 2-9　使用 ipconfig/all 命令查看本机 IP 地址

从图 2-9 中可知，本机 IP 地址（IPv4 地址）为 192.168.31.171，子网掩码为 255.255.255.0，默认网关为 192.168.31.1，DNS 服务器地址为 192.168.31.1。

2. 使用 ping 命令测试连通性

ping 127.0.0.1：可验证本地计算机上是否正确地安装 TCP/IP 相关协议，以及配置是否正确。

ping 本机 IP 地址：计算机始终应对该命令作出应答，若没有应答，则表示本地配置存在问题。

ping 网关 IP 地址：如果系统得到了正确的应答，则表示局域网中的路由器正在运行并能够作出应答，否则表示存在故障，应检查相关配置（如路由器的配置）。ping 网关 IP 地址返回的结果如图 2-10 所示，它表示路由器正常运行。

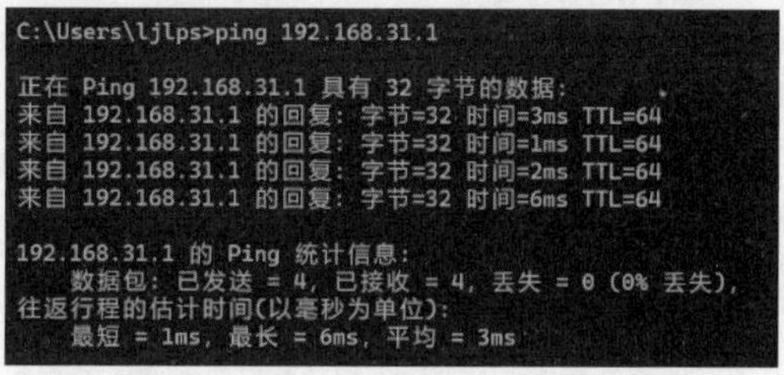

图 2-10　ping 网关 IP 地址返回的结果

ping 局域网内其他 IP 地址：这个命令会经过网卡及网络传输媒介到达目标计算机。如果收到目标计算机的应答报文，则表明本地网络中的网卡和载体运行正确。如果收到 0 个应答报文，那么表示网络有问题，如子网掩码不正确。

ping 远程 IP 地址：使用该命令后，如果收到 4 个应答报文（数据包），那么表示默认网关配置正确；对于拨号上网的用户而言，则表示能够成功访问互联网。

ping 域名：该命令通常通过 DNS 服务器解析，如果这里出现请求超时，那么表示本机 DNS 的 IP 地址配置不正确或 DNS 服务器有故障，或域名错误或域名无法访问。读者可以 ping 百度网址，测试是否能够连通网络，如果收到了 4 个应答报文（数据包），由表示能够连通。

如果上面所有 ping 命令都能收到正常反馈，那么计算机进行本地和远程通信的功能基本上没有问题了。但是，这并不表示所有的网络配置都没有问题，例如，某些子网掩码错误就无法用这些方法检测出来。

2.4.2　设置局域网内计算机文件共享

1. 使用 ipconfig 命令查看本机网络信息

使用 ipconfig 命令分别查看计算机 1 和计算机 2 的 IP 地址，查看这两台计算机的 IP

地址是否拥有同一网关，是否属于同一局域网。假设查询到的计算机 1 和计算机 2 的 IP 地址分别为 192.168.31.201 和 192.168.31.171，它们的默认网关都是 192.168.31.1，这说明它们处在同一个局域网内，满足共享文件的要求。

2．修改计算机名称

进入"控制面板"，选择"系统和安全"→"查看该计算机的名称"，在弹出的界面中将两台计算机的名称分别修改为"PC01"和"PC02"。图 2-11 展示了计算机 2 的名称修改结果。

图 2-11　计算机 2 的名称修改结果

该名称可以与 IP 地址形成映射，后续便可以通过该名称直接进入对方计算机的共享文件夹。

3．修改账户名和密码

进入"控制面板"，选择"用户账户"→"更改账户类型"，进入图 2-12 所示的"更改账户"界面。在"更改账户"页面上将账户名称修改为"USER+数字"的形式，如图 2-12 中的"USER02"，同时将密码设置为"admin"。

图 2-12　"更改账户"界面

4. 设置共享文件夹

我们先在 PC02 上新建名称为"测试+数字"形式的文件夹，如"测试 01"，并在文件夹内新建一个名称为"测试+数字"的 txt 格式文件。在"测试 01"文件夹上单击鼠标右键，选择快捷菜单中的"属性"选项。在打开的文件夹属性界面进入"共享"选项卡，如图 2-13 所示。

图 2-13 "共享"选项卡

在图 2-13 所示界面选择"高级共享"选项，弹出界面如图 2-14（a）所示，在其上单击"权限"按钮，进入图 2-14（b）所示界面。在该界面上选择共享权限的组为"Everyone"。如果不存在该组别，可使用添加功能添加该组别。在这里，我们将文件夹共享权限设置为"读取"，即局域网内其他计算机对该共享文件夹的权限为只能读取，不能添加或删除内容。设置共享权限如图 2-14 所示。

（a）设置共享权限

（b）设置共享文件权限

图 2-14 设置共享权限

应用以上设置后，在图 2-15 所示"测试 01 属性"界面可以看到，共享文件夹的网络路径为"\\PC02\测试 01"。其他计算机可根据这个路径访问共享文件夹。

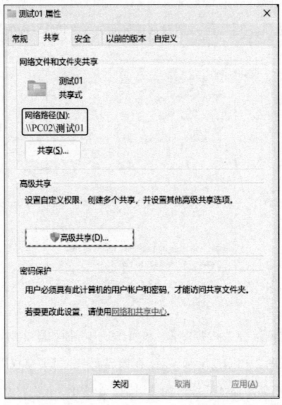

图 2-15 "测试 01 属性"界面

5．访问共享文件夹

在 PC01 上使用组合键"Win+R"打开运行对话框，输入目标计算机的计算机名称（PC02）或 IP 地址（192.168.31.171），并单击"确定"按钮，如图 2-16 和图 2-17 所示。因为计算机名称和 IP 地址已形成映射，所以这两种方式实现的效果是一样的。

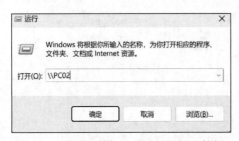 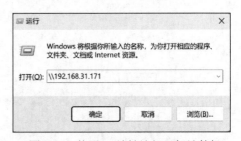

图 2-16 使用计算机名称访问目标计算机　　　图 2-17 使用 IP 地址访问目标计算机

在"Windows 安全中心"界面中输入目标计算机的用户名（USER02）和密码（admin），这样便可以在 PC01 上直接访问 PC02 的共享文件夹了。

由于设置的共享权限是读取，因此，PC01 只能打开该文件夹里的文件，或将文件复制到本地计算机上，并不能给该文件夹新增文件，或修改已有文件的内容。

习　题

1．假设 ping 百度网站的 IP 地址能返回正常消息，但 ping 百度网站的域名出错，这是为什么？如何解决这个问题呢？

2．当需要合作完成 PPT 的制作时，我们可以利用局域网共享文件功能提高合作效率，此时仅读取共享文件就可以满足需求吗？如果有人希望新增或修改 PPT 内容，那么应该怎么设置共享文件夹属性呢？

项目三　物联网基础

3.1　项目要求

（1）掌握物联网的基础知识。

（2）了解小米实训箱的组成部分。

（3）掌握小米实训箱的使用方法。

3.2　学习目标

☑　**技能目标**

（1）理解物联网的基本概念。

（2）掌握物联网的结构。

（3）熟悉物联网的应用领域。

☑　**思政目标**

（1）通过介绍物联网的概念、应用架构和典型应用，激发读者的创新思维，鼓励他们探索物联网技术在不同领域的应用创新。

（2）在学习物联网技术在智能家居、智能交通等领域的应用时，读者需要明白技术的发展应服务于社会，要有社会责任感，要关注技术应用的社会效益。

（3）要把弘扬可持续发展理念贯穿本章内容的学习之中，要关注生态文明建设。

☑　**素养目标**

（1）能够理解物联网的基本概念、应用架构和典型应用，掌握物联网技术的基本原理和发展趋势。

（2）通过物联网技术的学习，培养读者跨学科整合能力，能够将物联网技术与其他学科知识相结合,解决实际问题。

(3)物联网技术发展迅速,读者始终要保持学习的状态,关注最新技术动态,以不断提升自己的专业素养。

3.3 相关知识

3.3.1 物联网相关概念

物联网,通俗地讲,就是"物物相连的互联网",其核心是互联网。术语在线网站给出的物联网定义是:物物相连的互联网,是在互联网基础上延伸和扩展的网络,其用户端延伸和扩展到了任何物与物之间、物与人之间的信息交换和通信。可以看出,物联网的用户端不再局限于人与人,而是扩展到了物体与物体、人与物体。

总而言之,物联网能够实现任何物体通过感知设备在任何时间和地点与其他物体进行连接,实现信息传输。

3.3.2 物联网体系架构

目前业内公认的物联网体系架构分为 3 层:应用层、网络层和感知层,如图 3-1 所示。

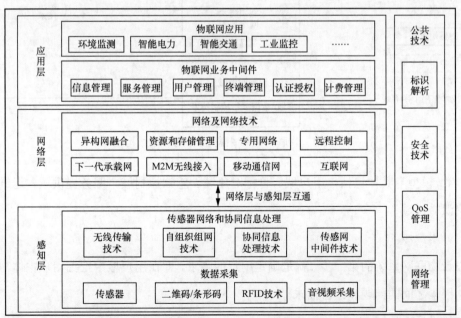

M2M—machine-to-machine/man,机器对机器/人
RFID—radio-frequency identification,射频识别

图 3-1 物联网体系架构

最下面的感知层用于感知数据，主要涉及数据采集技术和设备，如传感器、RFID 技术等。中间的网络层可以利用互联网或其他网络来传输感知层采集到的信息。最上面的应用层将收集到的信息进行处理，为用户提供丰富的服务。

随着物联网技术的迅速发展，物联网的应用范围日益扩大，但不同行业对物联网的需求差异性很大。为了更好适用于各个行业，有效解决各个行业物联网建设的问题，物联网"六域模型"的参考体系结构被提出来了。物联网"六域模型"参考体系结构如图 3-2 所示。

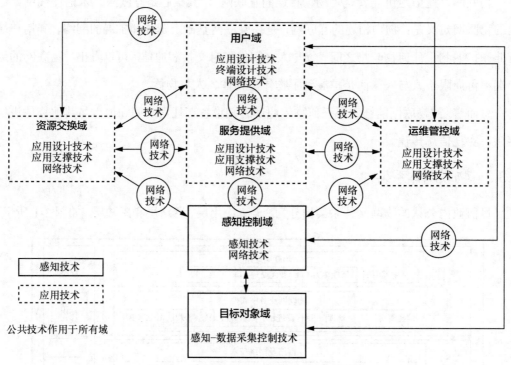

图 3-2　物联网"六域模型"参考体系结构

"六域模型"具体包括：用户域、目标对象域、感知控制域、服务提供域、运维管控域和资源交换域。

（1）用户域

设计物联网系统的第一步，就是确定用户的需求，即在用户域中挖掘用户主体与行业中其他因素之间的问题和改善需求。

（2）目标对象域

用户域定义了用户需求，从而确定了要关联的目标对象（物体），物联网通过特定的连接方式把目标对象接入网络。

(3) 感知控制域

根据目标对象所需的信息，感知控制域确定采用何种设备和技术手段，以实现与目标对象的连接，使用的技术和设备主要包括传感器、RFID 技术、二维码/条形码、M2M 模块等。

(4) 服务提供域

服务提供域主要对来自设备端的数据进行加工处理，它类似于图 3-1 所示 3 层物联网体系结构的应用层。根据用户需求，服务提供域结合云计算技术、大数据技术和人工智能算法对数据做进一步处理，实现专家系统分析和服务集成。

(5) 运维管控域

运维管控域包括技术层面的运行和法律法规层面的管控两方面内容。物联网使用了大量设备，需要在技术层面保障信息的准确性、可靠性和安全性。另外，实体对象存在大量法律条文方面的管理和约束，需要遵循行业管理要求。同时，物联网也需要新的法律法规进一步地保障业务的开展。

(6) 资源交换域

物联网系统之间的信息资源需要互相交换，才能形成完整的服务信息，处理它们之间的协同问题。这里既包括与外部资源的交换，也包括与其他域资源的交换。

"六域模型"着重从物联网的业务和应用上分析物联网的架构，它将 3 层结构中的感知层进行延伸，定义了用户域，将对物联网的需求纳入物联网范畴。同时增加了运维管控域和资源交换域，解决了 3 层构架不全面的问题。

3.3.3 物联网典型应用

1. 智能交通系统中的电子车牌

智能交通系统（intelligent transportation system, ITS）是一种基于电子信息技术、面向交通运输的服务系统。它将信息技术、通信技术、传感技术和控制技术等有效地集成起来，并运用于整个地面交通管理体系，保障交通运输管理的安全，提高交通效率。

电子车牌系统是射频识别（RFID）技术在智能交通领域的典型应用之一，它利用 RFID 技术准确和灵敏识别的特点，通过在车辆前挡风玻璃上安装电子标签（俗称"电子车牌"），对车辆数据进行采集，实现管理交通的目的。

电子车牌系统通过 RFID 技术为每辆车分配一个"身份证",通过综合车辆信息平台收集车辆的信息,并对信息进行分析和处理,为用户提供信息化服务。该系统同样包括感知层、网络层和应用层。

感知层:通过抓拍设备、雷达测速仪器、流量监控器等采集车辆的交通流量信息。

网络层:把感知层采集到的信息进行可靠传输。传输方式包括有线和无线两种方式。

应用层:对采集到的交通流量信息进行处理,转换成运营者可识别的信息。这些信息可以显示在地理信息系统(geographic information system,GIS)上,用于交通指挥和调度,也可以用于交通管理。同时,这些信息还可以生成统计分析数据,为交通决策提供依据。

2.M2M 技术在智能家居中的应用

M2M 技术是将数据从一台终端传送到另一台终端的技术,是在系统之间、设备之间、设备与人之间建立连接的手段。

如今,智能家居产品不断涌现,智能家庭局域网、家庭网关、智能家电等与智能家居密切相关的名词传播越来越广,建立高效的智能家居系统已经成为当前社会的热点需求。

从技术层面看,智能家居实现了以下功能。

(1)对微波炉、灯、报警器和自动门等设备的控制与调节。

(2)能够建立与视频设备以及与外部世界之间的信息通道,同时实现对相关设备的控制和监测。

(3)通过对外接口实现远程控制和信息交互。

将 M2M 技术应用到智能家居需要解决两大问题:一是家庭内部设备的组网问题,二是智能家庭网络与外部网络的通信问题。

智能家庭网络是未来的一大发展趋势,可以满足用户对家庭网络的灵活性、连续性等性能需求。智能家庭网络分为家庭数据网络和家庭控制网络。家庭数据网络完成设备共享上网、提供多媒体家电互相通信、实现机器间大批量和高速率数据传输等功能。家庭控制网络则可以实现灯照明控制、环境监测、家居安防等功能。

3.移动通信系统在物联网中的应用

移动通信系统一般由移动终端、传输网络和网络管理平台等部分组成,其在物联网中的应用主要有 3 种方式。

(1)移动终端在物联网中的应用

移动终端作为信息接入的终端设备,可以随网络信息节点移动,实现信息节点与网络之间的随时随地通信,移动终端完全可以作为物联网信息节点终端的通信部件使用。

(2)传输网络在物联网中的应用

传输网络主要实现节点间的相互连接和远程传输,可以将现有移动通信系统的信息传输网络作为物联网的信息传输网络。

(3)网络管理平台在物联网中的应用

网络管理平台主要用于实现对网络设备、性能、用户和业务的管理和维护,以保证网络可靠运行,因此移动通信网络管理维护的相关思想、架构应用于物联网的网络管理和维护。

3.4 实验:认识小米实训箱

3.4.1 开箱介绍

小米实训箱包含一个铝箱和子板收纳塑料箱。打开箱子,可以看到箱中包含母板、子板、线缆和备件,如图3-3所示。

图3-3 小米实训箱部件

母板有若干接口和按键,其布局如图3-4所示,具体如下。

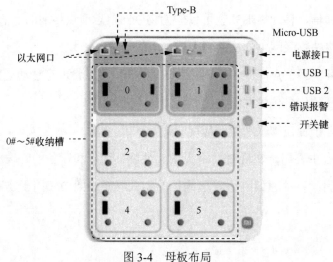

图 3-4 母板布局

- 电源接口：使用 55 W 电源进行供电。
- 开关键：长按开关键，待绿色指示灯亮起后松开，母板上电并开机。长按开关键，待绿色指示灯熄灭后松开，母板断电并关机。
- 错误报警：任意槽位的电流超过 2 A 便会触发告警机制，这时红色错误指示灯亮，母板自动切断对应槽位电源。
- USB1、USB2 接口：连接外部 USB 设备，如鼠标、键盘、U 盘等。
- Micro-USB 接口：用于 U1 子板、C1 子板、C2 子板等的程序下载和调试。
- Type-B 接口：USB 下载口，用于 U2 子板程序下载。
- 以太网口：10 Mbit/s、100 Mbit/s 自适应以太网口，RJ45 接口。
- 0#～5#收纳槽：用于摆放子板，采用磁吸的连接方式。0#槽口采用类似平行四边形的设计，这意味着只能摆放 U 子板，1#～5#的槽口设计为 5 个接口，其中，外侧 4 个接口用于摆放子板，剩余的一个接口用于适应 U 子板。

子板包括 U 子板、C 子板、B 子板、S 子板、E 子板。各类子板如图 3-5 所示，具体如下。

U 子板：核心控制子板，包含单片机 U1 板和安装了 Ubuntu 操作系统的 U2 子板。

C 子板：通信子板，包含 C1 子板（适用于 Wi-Fi+BLE[1]）、C2 子板（适用于 ZigBee）、C3 子板（适用于通用 Wi-Fi+BLE）、C4 子板（适用于 NB-IoT 模块）。

B 子板：扩展子板，用于母板或子板接口不够的情况，包含 B1 子板扩展、B2 母板扩

---

1 BLE，bluetooth low energy，低功耗蓝牙。

展和 B3 多协议接口扩展。

S 子板：传感器子板，用于数据的读取和输入。在图 3-5 中，S1 子板为按键，S2 子板为光照传感器，S3 子板为麦克风，S4 子板为摄像头，S5 子板为 NFC 读写器，S6 子板为超声波测距传感器，S7 子板为人体红外传感器，S8 子板为温湿度传感器。

E 子板：执行器子板，用于输出，实现控制功能。在图 3-5 中，E1 子板为三色 LED 和数码管，E2 子板为风扇，E3 子板为窗帘机，E4 子板为扬声器，E5 子板为触控屏。

图 3-5　子板分类

除了 U 子板外，其他子板下方接口呈倒梯形，摆放时，让梯形较宽的一条边在上，放入槽位的槽口中即可。另外，子板一个侧边有子板型号标识，让它朝向左边即可。

常用堆叠方式有：U 子板+C 子板、U 子板+E 子板、U 子板+S 子板、U 子板+E4 子板+其他 E 子板、U 子板+E4 子板+S 子板、U 子板+E4 子板+C 子板+S 子板（或其他 E 子板）。图 3-6 展示了 2 种堆叠方式。

图 3-6　常用堆叠方式

除了 E4 子板外，S 子板和 E 子板上不堆叠子板。另外，堆叠的前提是，子板上有子板接收口。例如 E4 子板上有接收口，可以向上堆叠；而 S 子板和其他 E 子板没有接收口，就不能向上堆叠。

3.4.2 操作演示

（1）安装子板和上电

母板平放，放上 U1 和 S7 子板，插上电源，长按母板开关键，待电源亮绿灯后松开，这时母板上电成功。子板电源指示灯常亮（多为红色），表示子板上电成功。另外，S7 子板本身带有人体感应状态灯，取下上盖，可以看到状态灯亮起，这说明 S7 子板工作正常。

（2）连接转接线

GD-LINK 调试器链接方式为：延长线—调试器—SWD 调试转接线（母板）。USB 端接到母板上后，调试器的绿灯长亮，红灯闪烁。调试器如图 3-7 所示，转接线连接方式如图 3-8 所示。

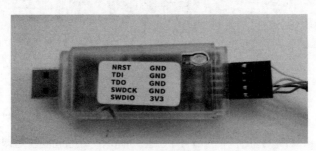

图 3-7　调试器

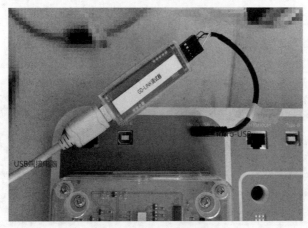

图 3-8　转接线连接方式

3.4.3 注意事项

在使用小米实训箱时，需要注意以下事项。

- 母板在使用时要放在水平面上。
- 上电/关闭母板需长按开关键。
- U 板在使用时，应放在 0#和 1#槽位的最下层。
- 0#槽位只能放置 U 子板，1#～5#槽位可以放置任意类型子板。
- 插拔子板时，子板和母板都要有对应的槽口设计。
- 子板侧面有子板字符标识，子板插入母板时，字符标识要朝左。字符标识如图 3-9 所示。

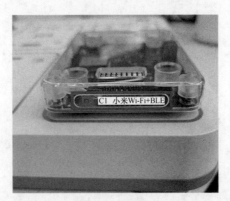

图 3-9　字符标识

- 任意槽位的电流超过 2 A 时会触发告警机制，母板的红色错误指示灯亮。出现此情况时可进行断电，并移除负载。再次给母板上电后，槽位报警即可解除。
- 插拔任何子板之前，都需要保证母板已断电。
- U 子板与 U 子板之间不允许纵向堆叠。
- U 子板在和其他子板进行纵向堆叠时，必须位于最下层。
- 程序下载更新及开发调试时，只能插接在母板上的 0#或 1#槽位。
- C1 和 C2 子板在使用前，要注意拨码位置：左侧拨码朝下，右侧拨码朝上。拨码的位置如图 3-10 所示。
- B1 子板不可放置在 U 子板、E4 子板和 C 子板之上。

本节只提了一部分常用的注意事项，其他注意事项，请读者查看 Xiaomi AIoT 开发平台说明书。

图 3-10　拨码的位置

习　题

1. 什么是物联网？
2. 物联网的 3 层体系构架是什么？

项目四 智能家居与米家 APP

物联网是信息技术的重要发展方向,它通过将各种信息传感设备与互联网结合起来,实现人、机、物的互联互通,为人们的生活带来了极大的便利。智能家居作为物联网的重要应用之一,实现了家居设备的智能化,让家居生活变得更加便捷和舒适。

在智能家居中,各种设备或系统,如智能灯泡、智能插座、智能门锁、智能安防系统等接入互联网,用户可以通过手机 APP 远程操控这些设备或系统,实现家居环境的智能化管理。例如,用户可以在离家前通过手机 APP 关闭家中的电器,或者外出时查看家中的安防监控。随着物联网技术的不断发展和普及,智能家居将成为未来家居生活的主流趋势,为人们带来更加智能、便捷、安全的家居生活体验。同时,智能家居的发展也将推动物联网技术不断创新和发展。

4.1 项目要求

(1)能够搜索并下载米家 APP。
(2)能够在手机上安装米家 APP。
(3)能够独立完成米家 APP 的初始化。
(4)能够熟悉米家 APP 的基本功能。

4.2 学习目标

☑ 技能目标

(1)了解智能家居系统的定义和基本特征。
(2)了解智能家居系统的起源及发展。

(3）掌握智能家居的基本功能。

(4）掌握智能家居的体系结构。

(5）掌握米家APP的基本操作。

☑ **思政目标**

(1）通过智能家居系统的学习，激发读者的科技创新意识，鼓励他们探索智能家居技术的更多可能性，为提升生活品质贡献力量。

(2）通过智能家居的典型应用，读者要意识到科技可以为家庭生活带来便利和安全，进而增强家庭责任感，给予家人更多关爱。

(3）智能家居中的节能环保功能，如智能照明等，帮助读者理解并推广绿色发展理念，促进可持续发展。

☑ **素养目标**

(1）掌握智能家居系统的基本组成和功能，熟练使用智能家居控制软件，如米家APP。

(2）培养读者的系统集成与配置能力，使他们能够根据实际情况设计和配置智能家居系统。

(3）培养读者的数据分析与决策能力，使他们能够根据数据优化家居环境。

4.3 相关知识

智能家居（smart home, home automation）是以住宅为平台，利用综合布线技术、网络通信技术、安全防范技术、自动控制技术、音视频技术将家居生活有关的设施集成，构建高效的住宅设施与家庭日程事务的管理系统，提升家居安全性、便利性、舒适性、艺术性，并实现环保节能的居住环境。

智能家居是在互联网影响之下物联化的体现。智能家居通过物联网技术将家中的各种设备（如音视频设备、照明系统、窗帘控制、空调控制、安防系统、数字影院系统、影音服务器、影柜系统、网络家电等）连接到一起，提供家电控制、照明控制、电话远程控制、室内外遥控、防盗报警、环境监测、暖通控制、红外转发以及可编程定时控制等多种服务和手段。与普通家居相比，智能家居不仅具有传统的居住功能，还兼备建筑、网络通信、信息家电、设备自动化，提供全方位的信息交互功能，甚至节约能源。

4.3.1 智能家居起源和发展

早在20世纪30年代，随着人工智能理论的初步形成，智能家居的概念开始萌芽。直到20世纪80年代，随着微电子技术、通信技术和计算机技术的快速发展，智能家居才逐渐从理论走向实践。1984年，美国联合科技公司首次提出"智能家居"概念，旨在通过集成化、信息化的方式，将建筑设备、家电、安防等系统整合在一起，实现家居环境的智能化控制。

这一时期，智能家居的应用主要集中在自动化控制方面，如智能照明、智慧安防等。它们通过预设的程序或传感器实现对家居设备的远程或自动控制，提高了家居生活的便利性和安全性。

随着物联网、云计算、大数据等技术的兴起，智能家居的发展迎来了新的机遇。智能家居系统开始具备更强的数据处理和学习能力，能够根据用户的习惯和需求，提供更加个性化的服务。同时，智能家居的应用场景也变得更加丰富，从单一的家居控制扩展到健康管理、娱乐休闲等多个领域。2024年，中共中央办公厅、国务院办公厅印发的《关于推进新型城市基础设施建设打造韧性城市的意见》明确提到要开展数字家庭建设。政策鼓励新建全装修住宅设置基本智能产品，并预留居家异常行为监控、紧急呼叫、健康管理等智能产品的设置条件。同时，鼓励既有住宅参照新建住宅设置智能产品，对传统家居产品进行电动化、数字化、网络化改造。

如今，智能家居已经成为现代家庭的重要组成部分，它不仅提高了家居生活的品质，还促进了家庭与社会的深度融合。未来，随着技术的不断进步和消费者需求的不断变化，智能家居将继续向更加智能化、个性化、便捷化的方向发展，为人们带来更加美好的家居生活体验。

4.3.2 智能家居基本特征

智能家居运用物联网、云计算、大数据等技术，将家庭中的各种设备连接起来，实现家居环境的智能化管理，其特征体现在以下几个方面。

1. 安全可靠

智能家居系统通过中控系统对房间内各个区域的灯、家用电器、电动窗帘等设备进行集中控制，提供更加全面的安全保护。例如，通过智能门锁和安全摄像头，用户可以使用手机随时查看家中的情况，并远程开启或关闭智能门锁。此外，智能家居系统还可以通过智能警报系统和烟雾报警器及时提醒用户家中存在的潜在危险，增强家居的安全性。

2. 时尚个性

智能家居可按照客户要求，配合智能家居装饰，设置灯控制方式，凸显用户的时尚感和个性化，实现用户的独特需求。同时，随着智能家居市场的不断扩大和技术的不断发展，用户可以根据自己的喜好和需求选择不同品牌、不同功能的智能家居产品，打造属于自己的个性化智能家居空间。

3. 节能减耗

智能家居系统可以智能地管理家居设备的使用，例如调整照明的亮度，以及空调系统的温度，能根据房间的使用情况和光照强度自动开启或关闭相关电器设备。这样一来，智能家居系统可以帮助家庭节约能源，减少碳排放，对环境更加友好。例如，智能温控系统将通过优化设备运行状态和调节室内温度来降低能耗；智能垃圾分类系统则能引导用户正确分类垃圾，促进资源回收利用。

4. 便捷管理

智能家居可通过计算机、移动终端进行登录，实现对灯、门锁、电动窗帘等家用电器的控制。用户可通过智能家居系统随时了解家用电器的状态，也可根据实际需要，远程对家用电器进行控制。目前，智能家居主要采用语音这种方式实现对智能设备的控制，更好地帮助人们享受生活，更好地满足用户的需求。

5. 丰富娱乐

智能家居还能为用户带来更加丰富多样的娱乐体验。例如，智能音箱能够播放音乐、有声书等音频内容，智能电视能够提供视频、游戏等娱乐服务，智能家居平台能实现家庭影院、多屏互动等功能。如今，用户只需通过简单的语音或手势，就能享受高质量的娱乐体验。

6. 数据分析

智能家居可以收集和分析家庭设备的使用数据，例如电器的能耗、水/电费等。这些数据可以帮助用户更好地管理家庭资源的使用，节约开支。此外，智能家居系统还可以通过分析用户的行为习惯和偏好，提供个性化的推荐服务，例如推荐适合用户的健康生活方式、照明设备的配置等，提升用户的生活品质。

4.3.3 智能家居的体系结构

本项目以小米智能家居为例,讲述智能家居的体系结构。小米智能家居的体系结构主要包括网络层、网关层、传感器层和设备层,如图 4-1 所示。下面对各层进行详细介绍。

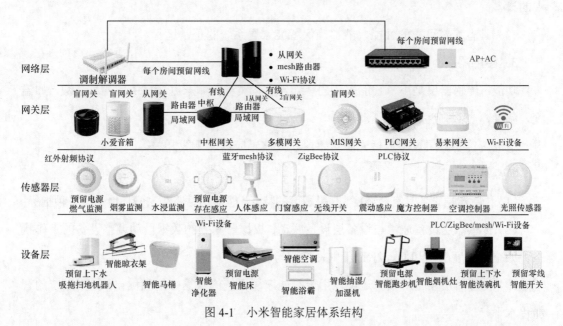

图 4-1 小米智能家居体系结构

1. 网络层

功能:网络层是小米智能家居的通信基础,负责各设备之间的数据传输和互联互通。

组成:网络层主要包括路由器、交换机等网络设备,这些设备通过有线或无线方式进行连接,搭建一个稳定的家庭网络环境。在进行家庭组网时,我们可以选择网格(mesh)组网或中心控制器(access controller,AC)+多个无线接入点(access point,AP)的方式,但 AC+AP 的组网成本相对较高。

特点:小米智能家居支持多种网络通信技术,如 Wi-Fi、ZigBee、蓝牙等,能够确保设备之间的高效通信和数据传输。

2. 网关层

功能:网关层是小米智能家居的控制中心,负责接收用户的指令,并将指令转发给相应的设备层设备,同时收集设备层设备的数据并反馈给用户。

组成:网关层通常由多模网关等设备组成,这些设备具有强大的数据处理和通信能力。

特点：

（1）支持多种通信协议，能够兼容不同品牌和类型的智能家居设备；

（2）提供远程控制和本地控制两种方式，确保用户在不同场景下都能方便地控制家中的设备；

（3）具有稳定可靠的性能，能够确保智能家居系统的正常运行。

3．传感器层

功能：传感器层是小米智能家居的感知器官，负责监测家庭环境中的各种参数，如温度、湿度、光照强度、人体活动等。

组成：传感器层设备包括光照传感器、人体感应器、无线开关等。

特点：

（1）传感器层设备具有高精度、高灵敏度的特点，能够实时监测家庭环境中的各种指标；

（2）传感器层设备通常与设备层设备联动，根据监测到的数据自动调整设备的工作状态，如空调温度的高和低、灯的开和关等；

（3）传感器层设备的数据还可以用于智能家居系统的数据分析和优化，提高系统的智能化水平。

4．设备层

功能：设备层是小米智能家居的具体执行者，负责根据具体指令自动执行相关操作。

组成：设备层设备种类繁多，各种智能家居设备，如智能灯泡、智能插座、智能门锁、智能家电等，涉及家庭生活的各个方面。

特点：

（1）设备层设备通常具有智能化、自动化的特点，能够根据用户的指令或预设的条件自动执行相应的动作；

（2）支持远程控制和定时控制等功能，方便用户随时随地对家中的设备进行管理和控制；

（3）设备层设备之间可以相互联动，实现更复杂的智能家居场景。

小米智能家居是一个复杂而有序的系统，各个层级之间协同工作，实现了家庭环境的智能化感知管理和控制。用户可以通过米家 APP 方便地操控家中的设备，查看家庭环境参数，享受便捷、舒适、安全的智能家居生活。

4.3.4 智能家居的基本功能

智能家居的基本功能体现在多个方面,旨在提升家居生活的便捷性、舒适性和安全性。

1. 智能控制

智能控制功能让用户能够借助手机 APP、语音助手或智能中控屏,轻松实现对家中灯、空调、电视机等设备的远程操控。此外,它还支持定时任务的灵活设置,如自动开/关灯、智能调节空调温度等,从而实现家居设备的智能化自动化管理,为用户带来更加便捷、高效的生活体验。

2. 环境监测

环境监测功能能够持续追踪并记录家中的温度、湿度、空气质量等关键环境指标,并根据实际需求智能调控空调、加湿器、空气净化器等设备,以确保室内环境的舒适宜人。同时,它还可以通过烟雾报警器、漏水检测器等智能传感器,在第一时间发现并应对潜在的安全风险,为家庭安全保驾护航。

3. 安全监控

安全监控功能通过部署智能摄像头、门窗传感器等装置,为家庭提供 360 度无死角的安全守护。用户只需通过手机即可随时随地查看家中动态,并在发生异常情况时及时接收报警信息。安全监控可以有效增强家庭的安全防护能力,确保家庭成员的生命财产安全。

4. 娱乐互联

娱乐互联功能将家中的电视机、音箱、投影仪等设备整合到智能家居中,用户只需一键即可轻松启动、切换和控制这些设备。同时,它还支持多房间音乐同步播放,并根据用户的喜好智能推荐音乐,为用户带来沉浸式的家庭娱乐体验。

5. 智能照明

智能照明功能能够依据室内的光线强度以及当前时间,智能调整灯的亮度,为用户创造一个既舒适又节能的照明环境。它还支持多种场景模式的自由切换,比如阅读模式可以提供柔和而集中的光线,观影模式则能营造适宜的暗环境氛围,充分满足用户在不同生活场景下的照明需求,极大地提升了家居生活的品质。

6. 能源管理

能源管理功能能够实时监控家中各类电器的能耗,为用户提供节能减碳的实用建议。

同时，配合智能电表、智能插座等设备，实现用电的智能化精细化管理，助力用户打造绿色、低碳的家居生活环境。

7．健康管理

健康管理功能通过整合智能体重秤、智能血压计等家用医疗设备，持续监测并记录家庭成员的健康指标，使家庭成员身体的异常情况得到及时关注。同时，它还能与智能穿戴设备无缝连接，精准记录并分析用户的运动数据，为用户提供个性化的健康改善建议和科学的运动指导，助力用户提高身体素质，享受更健康的生活方式。

8．语音助手

语音助手功能能够接收并执行语音指令，轻松操控智能设备，为用户带来前所未有的便捷体验。同时，它还能提供天气、新闻等查询服务，让用户的日常生活更加丰富多彩，充满乐趣与便利。

这些基本功能共同构成了智能家居的核心，通过智能化的管理和控制，为用户带来更加便捷、舒适和安全的家庭生活体验。随着技术的不断发展，智能家居的功能还将不断拓展和完善。

4.3.5 智能家居的设计原则

智能家居的设计原则主要包括以下几个方面。

1．实用性

智能家居的设计必须充分考虑用户的使用需求，在满足用户使用需求的前提下，让智能家居系统功能得到最大程度的发挥。设计时应整合最实用最基本的家居控制功能，如智能家电控制、智能灯控制、电动窗帘控制、防盗报警、门禁对讲等，同时还可以拓展诸如三表抄送、视频点播等增值功能。

2．可靠性

智能家居应能在各种环境和条件下稳定运行，其安全性、可靠性和容错能力必须予以高度重视。设计时要对各个子系统采取相应的容错措施，如电源备份、系统备份等，以保证系统可正常使用，具备应付各种复杂环境变化的能力。

3．标准性

智能家居方案的设计应依照国家和地区的有关标准，确保系统的扩充性和扩展性。在系统传输上应采用标准的网络协议和技术，以保证不同厂商之间的系统可以兼容与互联。

同时,系统的前端设备应是多功能的、开放的、可以扩展的设备,可与家居智能系统的其他品牌设备进行集成。

4. 方便性

智能家居的设计和安装应尽可能简化,以降低成本和提高可维护性。布线安装要简单,设备方面要易于使用、操作和维护。同时,系统应支持远程调试与维护,通过网络使工程人员能够远程检查系统的工作状况,对系统出现的故障进行诊断,从而方便系统的应用与维护,提高响应速度,降低维护成本。

5. 经济性

在满足系统功能的前提下,智能家居的设计应采用最经济的产品和技术。在选择产品时,应根据工程的具体情况、系统的具体要求、用户的使用要求,从成本效益出发,选择性价比高、性能好、使用方便、具有良好扩展功能和兼容性的产品。

6. 安全性

智能家居产品必须确保用户的安全,其中包括用户的隐私和财产安全。在设计产品时,必须采取安全措施,如数据加密、防火、防盗等,以防止信息泄露和财产损失。

7. 可扩展性与可维护性

智能家居应具有可扩展性,能够适应不同用户和不同环境的需求。设计时要考虑产品的扩展性和可维护性,设计可扩展的产品结构和系统。同时,系统应易于升级和更新,以适应未来技术的发展和变化。

4.3.6 智能家居 APP——米家 APP

1. 米家 APP 简介

米家 APP,作为智能家居领域的典型产品,正逐步改变着我们的生活方式。它不仅仅是一个应用程序,更是连接智能设备、打造个性化智能家居体验的桥梁。从智能灯泡到安防摄像头,从空调到扫地机器人,米家 APP 能够统一管理这些设备,让家庭智能化触手可及。通过简单的操作界面和丰富的功能设置,用户能够轻松享受科技带来的便捷与舒适。

米家 APP 具备设备连接与控制、智能家居场景设置、数据统计分析等核心功能。通过该应用,用户可以轻松添加各类智能设备并进行实时操控,同时可根据不同场景需求创建个性化的智能家居环境模式。此外,米家 APP 还具备多设备协同工作的能力,实现设备间的联动效果,进一步提升用户体验,具有操作简便、界面友好等特点。

米家 APP 采用简洁明了的界面设计风格，使得用户可以快速上手并轻松管理自己的智能家居设备。同时，该应用支持多种设备类型和品牌，可满足用户多样化的智能家居需求。无论是小米公司自家生产的智能设备，还是其他兼容品牌的设备，都可以通过米家 APP 进行统一管理，这为用户提供了更加灵活和丰富的选择空间。

2. 米家 APP 的适用场景

米家 APP 适用于各种智能家居场景，如客厅、卧室、厨房等。在客厅场景中，用户可以利用米家 APP 控制智能电视、音箱、空调等设备，实现一键切换和联动操作。在卧室场景中，用户可以通过米家 APP 设置智能闹钟、智能灯、智能窗帘等设备，享受便捷舒适的睡眠环境。在厨房场景中，用户可以通过米家 APP 操控智能厨电设备，如智能电饭煲、智能吸油烟机等，提升烹饪体验。

米家 APP 的优势在于能够为用户提供一站式智能家居解决方案。通过米家 APP 这一综合管理平台，用户不需要下载和操作多个应用程序，就能实现对家中各种智能设备的统一管理和控制。此外，米家 APP 还提供了丰富的预设场景模式以及自定义场景模式功能，使得用户可以根据不同时间和场景需求便捷地调整家居环境设置。同时，米家 APP 还具备数据统计与分析功能，能够对设备的运行数据和用户的使用习惯进行收集、整理和分析，并生成可视化报告供用户参考。这一功能不仅有助于用户了解设备的使用状况和优化建议，而且还能提升家居生活的舒适度和便捷性。在安全方面，米家 APP 支持家庭成员权限管理功能，允许不同家庭成员根据各自需求设置不同的设备权限和管理范围。

4.4 实验：米家 APP 的安装与使用

4.4.1 下载与安装

1. 下载米家 APP

用户可以通过应用商店，如小米应用商店、App Store 等渠道下载米家 APP。在下载过程中，用户需确保手机系统版本符合米家 APP 的要求，同时还需要注意检查手机内存是否充足，以保证米家 APP 的正常运行。

2. 安装米家 APP

下载完成后，用户需按照图 4-2（a）所示安装提示进行操作。安装完毕后的界面如图 4-2（b）所示，在该界面单击"打开"按钮，即可运行米家 APP。

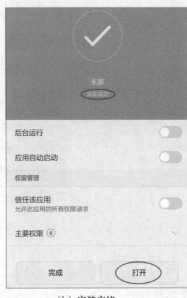

（a）安装提示　　　　　　　　　　（b）安装完毕

图 4-2　安装米家 APP

在安装过程中，用户需同意相关协议并授权必要的权限，以便米家 APP 能够正常访问和控制智能家居设备。在图 4-3 所示界面可进行同意"用户协议与隐私政策"、加入"用户体验计划"、允许或禁止"读取已安装应用列表"以及"手机权限"设置等操作。

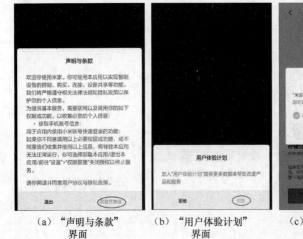

（a）"声明与条款"　　（b）"用户体验计划"　　（c）"读取已安装应用　　（d）"手机权限"
　　界面　　　　　　　　界面　　　　　　　　列表"界面　　　　　　　界面

图 4-3　安装米家 APP 的设置

此外，用户还需要根据系统提示进行一系列设置，其中包括选择语言、设置网络等。设置完毕后即可登录米家 APP，登录界面如图 4-4 所示。

图 4-4 米家 APP 登录界面

3. 注册米家账号

首次使用米家 APP 时，需要注册小米账号。打开米家软件，在图 4-4 所示界面单击"立即登录"。根据弹出的界面单击"立即注册"，在弹出的"注册小米账号"界面，输入手机号码之后单击"立即注册"。在弹出的界面上输入手机号码，填写收到的验证码，单击"下一步"，并根据要求输入注册账户的登录和密码，单击"提交"完成注册。具体步骤如图 4-5 所示。

（a）步骤1　　　（b）步骤2　　　（c）步骤3　　　（d）步骤4

图 4-5 注册米家 APP 账户的步骤

4．添加家庭成员

在手机端打开米家 APP，具体步骤如图 4-6 所示。进入首页，单击左上方的"家庭"（图中显示为"小米的家"），在"切换家庭"界面，单击"家庭房间管理"。在"家庭房间管理"界面单击"小米的家"，在弹出的界面中单击"共享成员"。在"分享给"界面中选择"小米账号（手机号）"，在弹出的界面中输入家庭成员的小米账号或手机号，单击"查找"。对方通过后即可成功添加家庭成员。

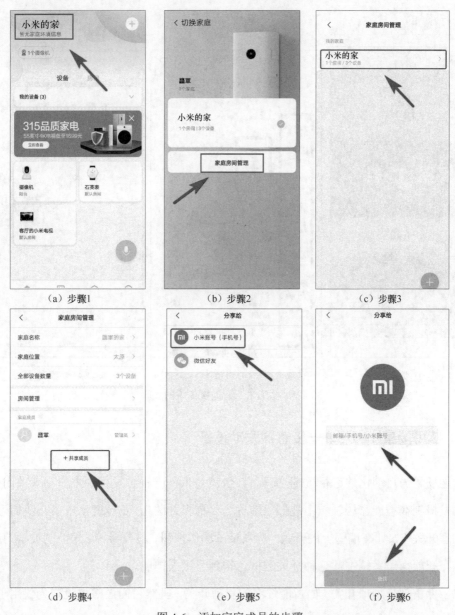

图 4-6　添加家庭成员的步骤

4.4.2 添加智能家居设备

图 4-7 展示了添加米家智能摄像头的步骤。在"我的设备"界面登录单击"添加设备"，这时弹出"添加设备"界面，里面展示了小米所有的智能终端设备信息。这里选择"摄像机"，添加摄像头产品，并根据"摄像连接引导"界面提示进行添加摄像头。读者也可以单击图 4-7（b）所示界面右上角的"扫描设备"按钮，扫描在同一网络中的摄像头产品进行添加。

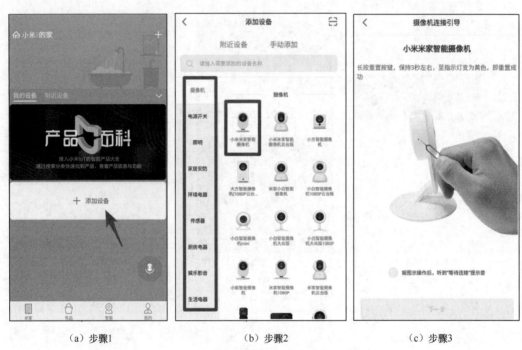

（a）步骤1　　　　　　　　　（b）步骤2　　　　　　　　　（c）步骤3

图 4-7　添加米家智能摄像头的步骤

4.4.3　应用场景1——单一传感器联动设备

智能场景与自动化的运行机制，简而言之，就是依赖一种触发机制来启动或关闭设备，这种触发机制在智能家居领域中被形象地称为"虚拟开关"。在传统家电中，我们习惯于通过物理开关（如灯在墙壁上的开关、洗衣机的操作按钮、遥控器等）来控制设备的运行。然而，在智能家居系统中，这种开关的概念得到了极大扩展。

除了保留部分物理开关（如智能灯泡的物理开关，虽然它们通常被设定为仅用于切断电源而非控制灯开关，实际则开关通过智能系统完成）和引入无线开关（如手机 APP 等）

外,智能家居更多地依赖虚拟开关实现设备的控制。这些虚拟开关并非实体存在,而是通过软件编程和智能系统的集成,将用户的指令或预设的条件与设备的运行状态相链接。

当用户通过智能设备(如智能手机)发送指令,或者当智能家居设备监测到预设条件被满足时(如温度达到设定值、人体活动被检测到等),虚拟开关会被触发。这个触发信号被发送到智能家居的中央控制器(如智能网关),中央控制器根据信号的内容,通过通信网络向相应的设备发送控制指令。设备接收到指令后便会执行相应的动作,如开灯、调节灯光、调节空调温度等。

智能场景与自动化实质上就是通过虚拟开关这一触发机制,将用户的指令或预设条件与设备的运行状态相链接,实现设备的智能化控制和自动化管理。这种机制不仅提高了家庭生活的便捷性和舒适度,还为用户带来了更加智能化和个性化的居住体验。

1. 利用人体传感器控制灯的开/关

利用人体传感器控制灯的开和关,这里的人体传感器就变成了灯的虚拟开关。智能场景的基础逻辑是"如果……就……",那么利用人体传感器开灯的流程如图4-8所示。

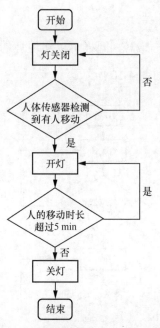

图4-8 人体传感器控制灯开/关流程

米家APP通过人体传感器对灯开/关的实现如图4-9所示。客厅人体传感器检测到有人移动时,会自动打开主射灯。当客厅人体传感器在5 min内未检测到有人移动时,则会自动关闭主射灯。

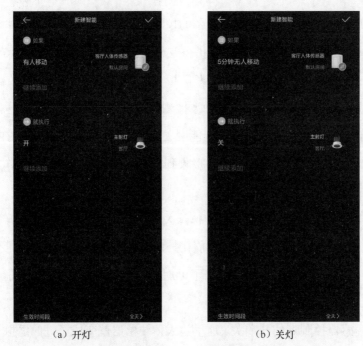

(a) 开灯　　　　　　　　　　(b) 关灯

图 4-9　米家 APP 通过人体传感器对灯开/关的实现

2. 家门传感器控制灯的开/关

将人体传感器更换成家门传感器，同样可以实现灯的开/关。这种控制方式比较适合玄关处的灯的控制，控制流程如图 4-10 所示。

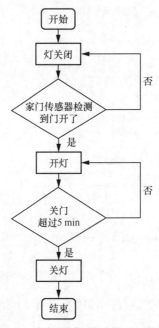

图 4-10　家门传感器控制灯开/关流程

米家 APP 通过家门传感器对灯开/关的实现如图 4-11 所示。根据家门传感器的检测结果，若家门打开，则打开玄关射灯以及玄关灯带，同时开始计时 5 min，即关门 5 min 后玄关区域的灯自动关闭。

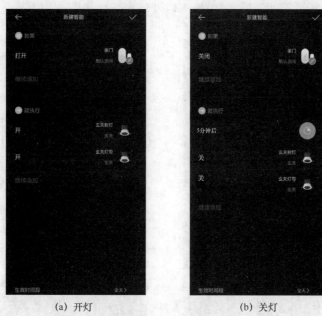

(a) 开灯　　　　　　　　　　(b) 关灯

图 4-11　米家通过家门传感器对灯开/关的实现

3. 双传感器控制灯的开/关

上述功能也可结合房间内部的实际亮度进行升级。如果是白天，屋内足够明亮，则没必要开灯，因此可以增加一个光线传感器，结合着光照强度来控制灯的开与关。具体流程如图 4-12 所示。光线传感器可以作为全屋的灯自动化依据，控制客厅和玄关灯的开/关。对于这样的光线传感器，全屋只需要配备一个，将它安装在合适的位置，实现对屋内不同区域光线强度的感知，进而对家里不同区域的灯自动化进行调整。

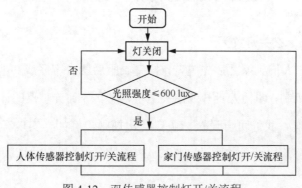

图 4-12　双传感器控制灯开/关流程

米家 APP 通过双传感器控制灯开/关的实现如图 4-13 所示。在米家 APP 中增加家门传感器以及光照度传感器两个检测数值，在同时满足入户门打开以及光照度在 600 lux 以下即打开玄关射灯以及玄关灯带。同样的方法也可用于卫生间，在卫生间检测到有人移动以及光照度在 600 lux 以下即打开主卫镜灯以及浴霸灯，如图 4-13 所示。

（a）玄关灯的开/关　　　　　　　　（b）客厅灯的开/关

图 4-13　米家实现双传感器控制灯

4.4.4　应用场景 2——设备与设备的联动

1. 客厅灯打开，玄关灯关闭

在实际生活中，人们到家之后先脱鞋，挂完衣服后就去客厅或其他区域。依据智能场景与自动化的运行机制，即使人走开或门关上了，也要等到传感器的计时结束才执行相关动作。针对这一情况，我们可再设置一条自动化规则，例如，实现客厅灯打开后，玄关灯自动关闭，实现设备与设备的联动。米家 APP 对客厅灯和玄关灯联动的实现如图 4-14 所示。

图 4-14　米家 APP 对客厅灯和玄关灯的联动实现

在此场景下，为了有个过渡，设定了客厅灯（主射灯）打开 5 s 后，玄关灯（玄关射灯和玄关灯带）关闭。当然，其实玄关进来的区域不一定是客厅，也有可能是其他地方，所以针对多区域的联动可以设计成只要进门了，无论是打开餐厅灯还是客厅灯，玄关灯都会自动关闭。当然，同样的道理，自动化联动还可以用在同一区域的两盏灯上，例如客厅开着落地灯，这时候打开主灯，落地灯就会自动关闭。

2. 观影模式自动化

随着家居生活更加智能化，投影仪已经越来越多地走入家庭生活。在智能家居场景中，有一种针对投影仪专门设定的智能生活场景——观影模式，例如观影时自动拉上窗帘，关闭幕布区域的灯，调低客厅其他区域的灯光强度，等等。我们以此为依据，建立观影模式流程，如图 4-15 所示。

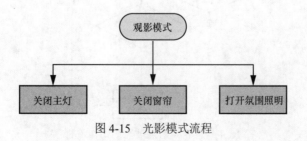

图 4-15　光影模式流程

在米家APP中新建一种场景,并将其命名为"观影模式"。如果启动观影模式,那么将书房窗帘、客厅所有灯(主射灯、灯带等)关闭,并打开沙发灯带,如图4-16所示。

图4-16 米家APP观影模式的实现

应用时,我们可以呼唤"小爱同学,打开观影模式"来执行观影模式。当然,也有更"懒惰"的方式来实现这一情景,例如,打开投影仪时自动打开观影模式。此种方式需要借助米家智能插座(蓝牙版),该插座与其他插座最大的不同是,它的开、关状态以及功率能够作为if条件来触发动作。例如当智能插座检测到投影仪功率大于20 W时,它就会自动执行观影模式。米家智能插座的工作流程如图4-17所示。

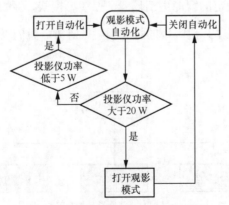

图4-17 米家智能插座的工作流程

我们在米家 APP 中进行联动设置。首先新建"观景场景自动化",这里使用插座的功率作为触发条件,设定为高于 20 W(20watt)就执行"观影模式";设定为小于 5 W(5watt)就打开"观影场景自动化"的自动化。这样,每次投影仪关闭后,自动化场景就会重置,等下次打开投影仪的时候自动执行。米家 APP 设置观景场景自动化界面如图 4-18 所示。

（a）打开"观影模式" 　　（b）打开"观影场景自动化"的自动化

图 4-18　米家 APP 设置观景场景自动化界面

3. 洗衣完成晾衣架自动下降

在实际生活中有这样一种需求,洗完衣服后晾衣架自动下降,以便晾晒衣物。这个自动化需求可以基于米家智能墙壁插座和小米晾衣架来实现。同样地,这里根据插座负载来判断洗衣机的运行状态。首先,我们建立一条自动化流程,即洗衣完成后晾衣架自动下降。使用的逻辑是洗衣机洗完衣服之后功率下降至待机状态功率,所以设定洗衣机功率低于 10 W,就将晾衣架下降,这条自动化保存完成之后进行修改,加入执行完成后关闭本条自动化的动作。

我们在米家 APP 中进行相关设置。首先新建"洗衣完成晾衣架下降",这里使用洗衣机的智能插座功率作为触发条件,设定为低于 10 W 就执行智能晾衣架下降。然后判断洗衣机何时开始洗衣服,这里同样利用智能插座的功率作为触发条件,设定为高于 50 W 就执行"洗衣完成晾衣架下降"自动化场景。米家 APP 对洗衣完成晾衣架自动下降的实现如图 4-19 所示。

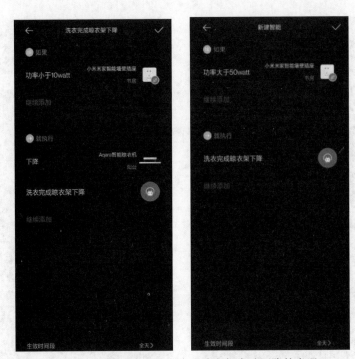

图 4-19 米家 APP 对洗衣完成晾衣架自动下降的实现

习　题

1. 智能家居主要包括哪些组成部分?这些部分如何协同工作,才能实现家居的智能化?
2. 智能家居中的安全防护措施有哪些?如何确保家居系统的安全性和用户隐私?
3. 智能家居技术如何帮助提升家庭生活的便捷性和舒适度?请举例说明。

项目五　小米智能网关与智能开关

在智能家居中，智能网关与智能开关通常协同工作，以提供更加智能化和便捷的控制体验。用户可以通过特定 APP 或语音助手向智能网关发送指令，智能网关根据指令内容向相应的智能开关发送控制信号。智能开关接收到信号后执行相应的操作，实现对家居系统的智能化控制。智能网关与智能开关在智能家居中发挥着至关重要的作用，它们不仅提高了家庭生活的便捷性和舒适度，还为用户带来了更加智能化和个性化的居住体验。

5.1　项目要求

（1）掌握智能网关的概念。
（2）了解智能开关的选购方法。
（3）掌握智能插座的定义及分类。
（4）了解智能插座的优势。
（5）了解家庭组网的基本原理。

5.2　学习目标

☑　**技能目标**

（1）能使用米家 APP 配置网关。
（2）能使用米家 APP 配置路由器。
（3）掌握智能开关的接线方法。
（4）掌握智能开关入网与验证方法。

☑ 思政目标

（1）智能网关与智能开关的配置与操作需要团队协作，通过此项目培养读者的团队协作精神和沟通能力。

（2）通过实际操作智能网关和智能开关，强调实践动手能力的重要性，让读者将理论知识应用于实际生活中。

（3）在智能家居安全方面，要充分理解"安全第一"的原则，增强读者的安全意识和风险防范能力。

☑ 素养目标

（1）熟练掌握智能网关和智能开关的配置与操作方法。

（2）培养网络故障排查能力，使他们能够解决智能家居网络中的常见问题。

（3）要具有持续学习的能力，以适应新技术的变化。

5.3 相关知识

5.3.1 网关

大家都知道，从一个房间走到另一个房间，必然要经过一扇门。同样，从一个网络向另一个网络发送信息，也必须经过一道"关口"，这道关口就是网关。顾名思义，网关就是一个网络连接到另一个网络的"关口"，也就是网络关卡。

网关又称网间连接器、协议转换器，是一种实现网络互连的设备。网关既可以用于广域网互连，也可以用于局域网互联。

网关到底是什么呢？网关体现为一个网络通向其他网络的 IP 地址。比如有网络 A 和网络 B，网络 A 的 IP 地址范围为 192.168.1.1～192.168.1.254，子网掩码为 255.255.255.0；网络 B 的 IP 地址范围为 192.168.2.1～192.168.2.254，子网掩码为 255.255.255.0。在没有路由器的情况下，两个网络之间是不能进行通信的，即使是两个网络的主机连接在同一台交换机上，也无法通信。要实现这两个网络之间的通信，就必须配有网关。如果网络 A 中的主机发现数据包的目的主机不在本地网络中，就把数据包转发给自己的网关，由网关转发给网络 B 的网关。网络 B 的网关将数据包转发给位于网络 B 的目标主机。网络 A 向网络 B 转发数据包的过程,即网关的工作原理,如图 5-1 所示。

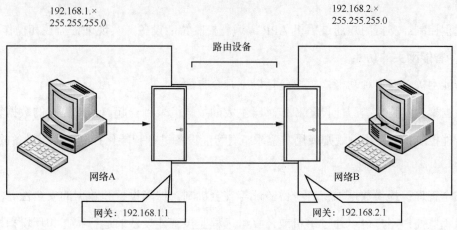

图 5-1　网关的工作原理

5.3.2　智能网关概述

1. 定义与功能

智能网关是智能家居的重要组成部分,它通常作为家庭自动化系统的控制中心,可以连接和管理多种智能家居设备,如智能灯泡、智能插座、智能门锁、智能摄像头和智能空调等。此外,智能网关还可以实现智能家居设备之间的互联互通,并通过特定 APP、语音助手等方式进行操控。

根据通信协议的不同,智能网关可以分为多种类型,如蓝牙网关、蓝牙 mesh 网关、ZigBee 网关和红外网关等。这些不同类型的网关在智能家居系统中发挥着各自独特的作用,能适应不同设备和场景的需求。

2. 智能网关原理

智能网关的工作原理主要包括以下几个方面。

设备连接:智能网关通过无线或有线方式连接各种智能设备,如传感器、摄像头、智能空调等。

数据采集:智能网关负责采集各设备产生的数据,如温度、湿度、光照等传感器采集的数据。

数据处理:对采集到的数据进行存储、处理和分析,提取有用信息并生成相应的反馈和控制指令。

通信协议转换：实现不同设备之间的通信协议转换，确保设备之间能够相互通信和协同工作。

远程控制：支持用户通过手机APP等远程控制智能设备，实现远程监控和操作。

3．智能网关的功能

智能网关具有多种功能，主要包括以下几个方面。

数据聚合：将各类智能设备和传感器生成的数据汇聚到一起，形成完整的数据集。

智能控制：根据预设规则或用户需求，对智能设备进行智能化控制，实现设备的自动化运行。

安全管理：提供数据加密、身份验证等安全机制，保障设备和数据的安全性。

远程监控：用户可以通过手机或计算机远程监控智能设备的运行状态和环境指标。

场景联动：可根据用户设定的场景模式联动智能设备，实现智能场景的自动化控制。

4．覆盖范围

一般来说，一个智能网关可以覆盖周围一定范围内的智能家居设备，但具体范围可能因墙壁遮挡、信号干扰、功率等因素而有所不同。为了确保设备联动的稳定性，对于穿墙较多或复式结构的房屋，可能需要配置多个网关，实现设备的互联互通。

5.3.3 智能网关与路由器的对比

智能网关和路由器虽然都是网络设备，但它们在功能、技术及应用场景上存在显著差异。

1．功能差异

（1）智能网关

数据处理与转发：智能网关不仅能在不同的网络之间进行数据传输和路由选择，还能实现数据加密、认证、防火墙等多种功能。

协议转换与远程管理：智能网关能作为物联网设备和互联网之间的桥梁，实现协议转换，让物联网设备"听懂"互联网的语言，同时允许互联网"理解"物联网设备的需求。用户可以通过智能网关实现对物联网设备的远程控制和管理。

安全防护：智能网关具备较强的处理能力和可编程性，能够运行各种应用程序，提供更高级别的安全防护。

(2)路由器

数据转发：路由器主要负责在网络中转发数据包，例如在不同的网络地址之间传送数据。

网络接入与管理：路由器在本地网络中分配 IP 地址，并管理设备间的通信。它还可以提供网络管理和安全功能，如防蹭网功能、访客模式等。

应用场景：路由器主要应用于家庭、企业等局域网内的数据传输，让设备能够接入互联网。

2．技术差异

（1）智能网关

通信方式多样：智能网关能采用各种不同的通信方式，如 ZigBee、Z-Wave 等无线方式，以及 Modbus、BACnet 等有线方式，这使得智能家庭的各设备之间能够相互连接，达到智能控制的目的。

嵌入式系统：智能网关通常采用嵌入式系统，具备较强的处理能力和可编程性，能够运行各种应用程序。

（2）路由器

通信协议：路由器通常基于 TCP/IP 相关协议进行数据交换。

专用操作系统：路由器通常采用专用的操作系统，主要专注于网络层的功能实现。

3．应用场景差异

（1）智能网关

物联网与智能家居：智能网关广泛应用于企业、家庭、工业等相关场景，特别是在物联网和智能家居场景中发挥着举足轻重的作用。它能够连接和控制各类智能终端设备，实现远程监控和管理。

智慧城市：智能网关也可用于智慧城市等场景，为物联网应用提供支撑。

（2）路由器

局域网互联：路由器主要用于实现家庭和企业等局域网的数据传输，让设备能够接入互联网。

综上所述，智能网关更注重数据的处理、过滤、安全检测以及物联网设备的连接和控制，路由器则主要关注数据的转发和网络接入。

5.3.4 家庭组网

在构建家庭网络时，了解每个组件的功能、正确选择和配置相关组件至关重要。本小节从选择因特网服务提供方（the Internet Service Provider，ISP）开始，介绍调制解调器、路由器、交换机、AP 与 AC、网线及其他配件，并简述搭建流程。

1．互联网服务商

选择适合的 ISP 是确保家庭网络速度和性能的基础。以下是选择 ISP 的考虑因素。

确定带宽需求：根据家庭日常使用的业务需求（如在线视频、游戏、大文件下载等）评估所需的带宽。

服务等级协定（service level agreement，SLA）：优秀的 SLA 能够保证网络可用性和服务恢复时间，确保出现问题时能快速响应，提供解决方案。

地理位置和网络覆盖范围：选择距离家庭物理位置较近的 ISP 可以降低时延，提高数据传输率。

技术支持：选择提供全天候的技术支持和快速响应的 ISP，确保在紧急情况下能迅速解决问题。

价格和合约条款：比较不同 ISP 产品的价格和合约条款，综合考虑性价比和服务质量，选择更合适的 ISP。

2．调制解调器

调制解调器是计算机与电话线或光纤之间进行信号转换的设备。现代家庭网络已实现光纤入户，通常使用光纤调制解调器接入网络。调制解调器的主要功能如下。

信号转换：将数字信号转换为模拟信号，并将信号发送到电话网或光纤网络上进行传输，同时接收模拟信号并将其转换为数字信号。

类型：调制解调器主要有内置式和外置式两种，内置式调制解调器需插入计算机扩展槽，外置式调制解调器则是一个独立的盒式装置。

3．路由器

路由器是家庭网络的核心设备，其核心作用包括以下几个方面。

网络互连和数据转发：通过多个接口连接到不同网络上，实现网络间的数据传输。

路由表的建立与刷新：根据目的 IP 地址选择最佳转发路径。

隔离广播与访问控制：通过设置不同的子网和访问规则，提高网络的安全性和运行性能。

异种网络互连：支持不同类型网络之间的连接和通信。

4．交换机

交换机用于扩展家庭网络中的有线连接，选择交换机时需考虑以下因素。

类型：管理型交换机的功能更强大，支持 QoS、VLAN 等高级功能；非管理型交换机的功能简单，适合家庭或小型企业使用。

端口类型和数量：根据网络规模和扩展需求选择合适的端口类型和数量，电端口适用于近距离连接，光端口适用于远距离连接。

散热和供电方式：根据使用环境和需求，选择合适的散热方式（风扇散热或自然散热）和供电方式（如直流供电）。

网络标准和性价比：选择支持主流网络标准且性价比高的交换机。

5．AP 与 AC

AP 和 AC 是构建 WLAN 的关键组件。

AP：提供无线信号覆盖和数据转发功能，通常有 FAT AP（胖 AP，功能完整，能独立工作）和 FIT AP（瘦 AP，功能简化，依赖 AC 管理）两种类型。

AC：集中管理多个 AP，负责配置、监控、优化和安全管理无线网络。

6．网线

网线种类繁多，合适的网线对于网络性能和稳定性至关重要，选择时可以考虑以下几方面。

类型：包括五类、超五类、六类、超六类、七类和八类，不同类型的网线支持不同传输速率，具有不同的屏蔽效果。

选择建议：家庭用户选择超五类或六类网线，便可满足日常需求；企业用户则可根据网络需求和预算，选择更高级别的网线。

选购注意事项：检查网线标识，选择合适长度，注意线材材质和厚度，布线时需避免弯折网线。

7．其他配件

家庭网络中还需一些其他配件，如电光信号转换器件（光纤调制解调器通常已包含电光信号转换功能）、拨号器（PPPoE 或 DHCP 客户端，通常由 ISP 提供或内置于光纤调制解调器中)、NAT 网关和 DHCP 服务器(通常由路由器提供)等[1]。

8. 搭建流程

家庭网络拓扑如图 5-2 所示,搭建步骤如下。

步骤 1:联系 ISP,申请互联网服务,获取并安装光纤或电话线入户服务。

步骤 2:连接调制解调器,用光纤或电话线连接光纤调制解调器,并进行调试,确保它可以正常工作。

步骤 3:配置路由器,将无线路由器连接到光纤调制解调器上,根据说明书或 ISP 提供的配置信息进行设置,其中包括服务集标识符(service set identifier,SSID)、密码、DHCP 服务器等。

步骤 4:选择并连接交换机。根据需求选择合适的交换机,并将其连接到路由器,扩展有线网络连接。

步骤 5:设置 AP 与 AC(如有),确保无线网络覆盖范围足够大以及网络运行性能足够好。

步骤 6:选购并铺设网线。选择类型适合的网线进行铺设,以便各设备入网。

步骤 7:测试和优化,测试网络速度和稳定性,根据测试结果进行优化和调整。

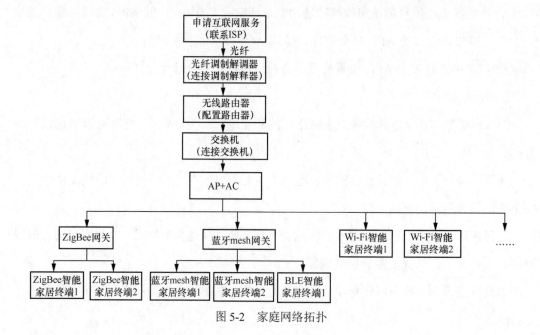

图 5-2 家庭网络拓扑

---

1. PPPoE,point-to-point protocol over ethernet,以太网上的点对点协议。
   DHCP,dynamic host configuration protocol,动态主机配置协议。
   NAT,network address translation,网络地址转换。

5.3.5 智能家居常见网关

物联网网关作为连接物联网设备与核心网络（如互联网、私有网络）之间的桥梁，发挥着至关重要的作用。它们不仅负责数据的转发，还提供协议转换、数据处理、安全管理等多种功能。智能家居中常见如下网关。

1. ZigBee 网关

（1）定义

ZigBee 网关是一种用于连接 ZigBee 无线传感器网络（简称 ZigBee 网络）和其他网络（如 Wi-Fi、以太网等网络）的设备。它能够接收来自 ZigBee 网络的数据，并将其转换为其他网络可识别的数据，从而实现不同网络之间的通信和数据交换。

（2）特点

协议转换：ZigBee 网关能够将 ZigBee 网络中的数据转换为采用其他通信协议的数据，如 TCP/IP、Wi-Fi 等，使 ZigBee 设备能够与其他类型的设备进行通信。

互联互通：ZigBee 网关允许 ZigBee 网络中的设备与其他网络中的设备进行互操作，实现跨协议的互联互通。这种能力使得 ZigBee 设备能够更好地融入整体网络环境，提高设备的可用性和灵活性。

远程控制：通过 ZigBee 网关，用户可以通过互联网或其他网络远程监控和控制 ZigBee 设备，提供更广泛的远程管理功能。这种远程控制功能为用户提供了极大的便利，使得他们可以随时随地对设备进行监控和调整。

扩展网络范围：ZigBee 网关可以将 ZigBee 网络扩展到其他网络，通过这种方式，ZigBee 网络的覆盖范围可以变得更广。

低功耗：ZigBee 网关采用低功耗技术，能够延长电池寿命，降低能耗。

网络稳定：ZigBee 网关采用自组织网络结构，具有自动修复和路由选择能力，提高网络的稳定性。

安全性：ZigBee 网关通过实现安全协议和加密技术，确保数据的安全传输和访问控制。它可以对通信数据进行加密和解密，防止数据被非法获取和篡改。

2. 蓝牙 mesh 网关

（1）定义

蓝牙 mesh 网关是指在蓝牙 mesh 网络中负责连接蓝牙 mesh 设备和外部网络（如互联

网）的设备。蓝牙 mesh 网络是一种分布式网络，通过蓝牙设备之间的相互连接，实现大规模设备的控制和管理。蓝牙 mesh 网关作为这一网络中的关键组件，实现了蓝牙 mesh 设备与外部网络的连接，使得蓝牙 mesh 设备能够与外界进行信息交换，实现远程控制和数据共享。

（2）特点

分布式控制：蓝牙 mesh 网关采用分布式控制方式，每台设备都可以作为独立的节点参与网络通信，提高了网络的稳定性和可靠性。即使部分设备出现故障，整个网络的正常运行也不会受到影响。

低功耗：蓝牙 mesh 网关具有低功耗的特点，降低了设备维护成本，这对于需要长时间运行或运行在不便于维护的环境中的物联网设备来说尤为重要。

高可靠性：蓝牙 mesh 网关通过多个跳频通道实现设备间的相互通信和信息传递，提高了通信的稳定性和可靠性。此外，蓝牙 mesh 网关还具有自动修复和路由选择能力，可进一步增强了网络的可靠性。

高扩展性：蓝牙 mesh 网关支持大量设备的接入和通信，理论上可以实现无限级联，控制无数台设备，这使得蓝牙 mesh 网关在大型物联网应用中具有广阔的应用前景。

数据安全：蓝牙 mesh 网关提供多重安全机制，其中包括数据加密、身份认证等，保障数据传输的安全性和隐私保护，这对于涉及敏感数据的物联网应用尤为重要。

易于部署和管理：蓝牙 mesh 网关的部署和管理相对简单，用户可以通过配置软件或管理工具轻松进行设备的添加、删除和监控等操作，这降低了物联网应用的部署和管理难度。

支持智能场景联动：通过蓝牙 mesh 网关的连接，人们可以实现智能设备之间的联动，打造智能场景。例如，在智能家居领域，用户可以通过蓝牙 mesh 网关实现智能灯泡、智能插座、智能门锁等设备的连接和控制，打造智能舒适的家居环境。

3．BLE 网关

（1）定义

BLE 技术以其低功耗、高可靠性、易于部署和维护等优点，在智能家居、工业自动化、医疗健康等领域得到了广泛应用。蓝牙 BLE 网关作为连接 BLE 设备与云服务的桥梁，在物联网中扮演着重要角色，能够将 BLE 设备的数据传输至云端或其他网络，实现远程监控和控制。

（2）特点

BLE 网关具有以下特点。

低功耗：BLE 技术本身具有低功耗的特点，这使得 BLE 网关能够长时间稳定运行，降低维护成本。同时，BLE 网关还可以通过智能休眠、动态调整发射功率等方式进一步降低能耗。

高可靠性：BLE 网关采用先进的通信协议和加密技术，确保数据传输的可靠性和安全性。它能够在复杂的网络环境中稳定工作，提供稳定的连接和数据传输服务。

易于部署与维护：BLE 网关支持多种通信接口和协议，方便与各种设备和系统进行集成。同时，它的结构紧凑，易于安装和维护，这降低了物联网应用的部署和管理难度。

数据聚合与转发：BLE 网关能够将多台 BLE 设备的数据聚合起来，统一转发至云服务端或其他网络，简化了数据传输流程，提高了数据处理的效率。

远程控制与监测：通过 BLE 网关，用户可以实现对 BLE 设备的远程控制和监测。这种远程控制功能为用户提供了极大的便利，使得他们可以随时随地对设备进行监控和调整。

跨平台兼容性：BLE 网关通常支持多种操作系统和平台，如 Android、iOS、Windows 等，这使得它能够在不同的设备和系统中得到广泛应用。

室内定位功能：部分 BLE 网关还具有室内定位功能，人们可以通过接收 BLE 设备发射的无线广播信号来判断 BLE 设备的位置，为资产管理、人员追踪等应用提供支持。

4．多模网关

（1）定义

多模网关是一种集成了多种无线通信技术的设备，它能够在不同的无线协议之间转换和传输数据。这些协议包括但不限于 Wi-Fi、蓝牙、ZigBee、LoRa 等。多模网关通过支持多种信号类型，实现了不同物联网设备之间的无缝连接和数据交互，为物联网应用场景提供了更为灵活和多样化的通信解决方案。

（2）特点

多模网关具有以下特点。

多种信号支持：多模网关的核心特点之一是它能够支持多种无线通信信号，这意味着网关可以同时接收来自不同物联网设备的信号，这些设备可能使用不同的无线通信协议。例如，一个智能家居系统可能包含使用 Wi-Fi 相关协议的智能灯泡、使用蓝牙相关协议的智能门锁，以及使用 ZigBee 相关协议的智能传感器。多模网关能够将这些使用不同通信协议的设备连接在一起，实现数据的统一管理和处理。

协议转换功能：除了支持多种信号外，多模网关还具备协议转换功能。它能够将一种协议的数据转换为另一种协议的数据，从而实现不同协议设备之间的通信，这种转换过程对物联网系统的集成和互操作性至关重要。通过多模网关的协议转换功能，不同厂商、不同标准的设备可以共同工作，形成一个统一的物联网生态系统。

数据处理优化：多模网关在处理数据时，通常具有数据聚合、过滤和压缩等优化功能，这些功能能够减少数据传输的冗余和时延，提高数据传输的效率和可靠性。通过数据聚合，多模网关可以将来自多个物联网设备的数据进行汇总和整合，形成更有价值的信息。通过数据过滤和压缩，多模网关可以减少不必要的数据传输，降低网络负载和能耗。

安全性保障：物联网设备的数据安全和隐私保护是至关重要的。多模网关在设计时通常考虑了安全性问题，采用多种安全技术和措施来保障数据传输的安全。例如，多模网关可能支持加密通信、身份认证和访问控制等功能，以防止数据被未经授权的第三方获取或篡改。

应用范围：多模网关的应用范围非常广泛，可以用于智能家居、工业自动化、智慧城市等多个领域。在智能家居领域，多模网关可以将不同类型的智能家居设备连接在一起，实现家居环境的自动化和智能化控制。在工业自动化领域，多模网关可以连接各种传感器、执行器和控制器，实现生产过程的自动化和智能化管理。在智慧城市领域，多模网关可以连接各种城市基础设施和公共服务设施，提高城市管理和服务的效率和水平。

灵活配置管理：多模网关通常具备灵活的配置和管理功能。用户可以通过配置工具或软件对网关进行各种设置和调整，以满足不同的应用需求。例如，用户可以配置网关的通信参数、数据格式、安全策略等。此外，多模网关还支持远程管理和监控功能，用户可以通过网络对网关进行实时监控和故障排查。

边缘计算能力：随着物联网技术的发展和普及，边缘计算成为物联网技术发展的一个重要趋势。多模网关作为物联网系统中的关键节点，通常也具备边缘计算能力。在网关上部署边缘计算应用可以实现数据的实时处理和分析，减少数据传输的时延和带宽占用。同时，边缘计算还可以提高物联网系统的可靠性和稳定性，降低它对云端的依赖。

5.3.6 智能开关简介

1. 定义

智能开关是指利用控制板和电子元器件的组合及编程，以实现电路智能开关控制的单元。开关控制是一种起停式控制，又称 bang-bang 控制，由于这种控制方式简单且易于实现，因此在许多家用电器和照明灯具的控制中被采用。但是，常规的开关控制难以满足进一步提高控制精度和节能的要求。

在控制周期内，常规的开关控制的控制量只有两个状态：要么接通，控制量为一个固定常数值；要么断开，控制量为0。这种固定不变的控制模式缺乏人工开关控制的特点。在人工控制开关的过程中，人需要根据误差及误差变化趋势来选择不同的开关控制策略，例如在一个控制周期 T 内，控制量输出的时间根据实际需要是可调的。这种以人的知识和经验为基础，根据实际误差变化规律及被控对象（或过程）的惯性、纯滞后及扰动等特性，按一定的模式选择不同控制策略的开关控制称为智能开关控制。

2. 开关发展历程

智能开关是在电子墙壁开关的基础上演变而来的，是对原有翘板式机械开关的颠覆性革命。从爱迪生1879年发明电灯开始，简单的机械开关就已经有了。几十年过去了，墙壁开关无根本性改变，仍沿用机械式的方式。直到1992年，电子技术开始进入墙壁开关领域，起初仅用于公共走廊中的声控延时开关及触摸延时开关。到了2000年，热释电红外传感器被广泛应用，延时开关有了重大发展，人体感应开关逐渐代替声控延时开关和触摸延时开关。与此同时，可控硅相位控制的调光/调速开关也应运而生，旋钮式调光开关主要适用于白炽灯，旋钮式调速开关主要适用于风扇电机。这几种开关虽说从传统的机械模式进入电子模式，但功能相对简单，仅在特定场合下使用，对传统的机械开关无法形成冲击和取代。

现有的墙壁开关中绝大多数只采用了单火线接入方式，零线直接引到负载，在开关中只有火线没有零线，不能形成回路，无法正常供电，这样限制了许多电子技术的引进和应用，十几年电子技术在墙壁开关中的发展一直在初期简单功能阶段徘徊，始终只有5种类型：触摸延时开关、声控延时开关、人体感应延时开关、旋钮调光开关、旋钮调速开关。

随着科学技术的发展，墙壁开关单火线接入的供电技术有了重大的突破，同时微电脑处理芯片也被引入到电子墙壁开关中，使得具有各种不同功能的电子墙壁开关变得切实可行起来。近年来，开关技术继续发展和创新。随着物联网和智能家居的兴起，人们对远程控制和自动化的需求不断增加，因此，智能开关、触摸开关和声控开关等高级开关产品陆续问世。这些开关能够通过无线网络或声音信号实现远程控制，极大地方便了人们的生活。

3. 智能开关和普通开关的区别

（1）功能差异

智能开关不局限于简单的开与关操作，它还融入了定时控制、远程操控、情景预设以及语音指令等智能化功能。用户只需借助手机 APP、智能音箱等软件和智能设备，即可实现远程的便捷控制。此外，部分智能开关还具有能耗追踪功能，能够实时反馈设备的用电状况，助力用户实现更科学的用电管理。

普通开关的功能相对单一，仅限于直接开启或关闭电路，不具备任何智能化特性。它完全依赖人工手动操作，无法实现远程控制或预设定时开关等高级功能。

（2）操作方式

智能开关采用了触摸或感应技术，使得用户只需轻轻一碰或发出语音指令，开关就能迅速响应并改变设备的状态。特别是那些支持语音控制的智能开关，更是让用户能够通过口头命令来轻松操控开关，这极大地提升了使用的便捷性。

普通开关依靠传统的物理手段来操作，即需要用户直接按压或拉动开关，以控制电路的通断。这种操作方式虽然直接明了，但在光线不足或不便操作的情境下，用户可能不得不依赖外部工具（如手电筒）来控制开关。

（3）设计与美观

智能开关在外观设计上有更多的色彩可选择，在材质上也可以更加考究，常选用如玻璃、金属等高端材料。智能开关的设计风格偏向于现代简约，不仅能够满足基本的开关功能，还能作为家居装饰的亮点，为整体家居环境增添一份美观与时尚。

普通开关往往采用经典的设计，外观简洁朴素，款式相对单一。尽管这种设计使普通开关能够轻松融入各种家居装饰风格，但在追求时尚与美观的现代家居环境中，其视觉效果可能不如智能开关那样丰富多样和吸引人。

（4）安全性与稳定性

智能开关在安全性上有了显著提升，能够通过密码、指纹等认证方式，有效防止未经授权的恶意操作，从而确保用电安全。此外，部分智能开关还融入了过载保护和短路保护等高级功能，这些额外的安全措施进一步增强了用户在使用过程中的安全保障。

相较于智能开关，普通开关在安全性方面表现较为基础，缺乏智能开关所具备的安全认证和多重保护功能。在使用普通开关时，用户需要格外注意用电安全，确保不超过其额定电流，以防止过载或短路等安全隐患的出现。

（5）性价比

尽管初始价格相对较高，但智能开关提供的多样化智能功能和便捷操作方式，能够为用户的生活带来显著的舒适性和智能化享受。随着智能家居市场的日益成熟，智能开关的价格正逐渐趋于合理，能够使更多消费者享受到智能开关带来的高性价比和优质的生活体验。

普通开关以相对较低的价格，成为预算有限的用户的理想选择。尽管普通开关的功能相对基础，仅能满足基本的电路通断需求，但对于那些只追求实用性的用户来说，普通开关已经足以满足日常用电需要。

（6）适用场景

智能开关非常适合应用于智能家居系统和公共场所，这些场景往往需要对设备进行远程控制。智能开关不仅能够独立工作，还能与其他智能家居设备无缝对接，共同构建一个高度智能化的生活环境，从而为用户提供更加便捷和舒适的生活方式。

普通开关在办公室等日常使用环境中非常实用。在这些场合中，用户通常更加关注开关的实用性和经济性，即能否满足基本的电路控制需求以及价格是否合理。

5.3.7 智能开关选购

近年来智能家居已经越来越普及，多种家电开始接入网络，实现智能互联，使用者可以通过手机、智能音箱控制全屋智能家居设备，甚至让它们智能联动起来。现在的智能家居设备入网门槛很低，无须大动干戈地布线和安装，只需接入现有有线网或无线网。

如果想安装智能灯具的是新装修家庭，那么需要在初始装修的时候将智能家居中的布局和布线设计好。如果想安装智能灯具的是已经装修好的家庭，那么必须先把原来的普通灯具拆掉，重新买个智能灯具，并找专业的师傅来安装，这样折腾不仅麻烦还增加成本。针对这种情况，我们可使用智能开关。只要将普通开关替换为智能开关，家里的普通灯具立马就能得到智能化控制，这种方式不仅安装方便，还能节省成本。选购智能开关时需要注意如下事项。

1. 智能开关类型

市面上常见的智能开关有单火智能开关与零火智能开关。单火智能开关的线路比较简单，就是把传统的机械开关换成继电器和智能模块，其中，智能模块可以控制继电器的开、合，它是串联在电灯上的。当继电器断开后，智能模块和电灯依旧可以形成一个回路。当智能模块功率较大或者电灯功率较小时，电灯会出现闪烁的情况，这是单火智能开关存在的弊端。

零火智能开关与单火智能开关最大的区别在于前者的智能模块的一端是接在零线上

的，也就是并联在电路上的。它和电灯在两条相互独立的线路上，不会出现电灯闪烁的情况，智能开关的稳定性也更高。零火智能开关与单火智能开关的实现原理如图 5-3 所示。既然零火智能开关的一端要接入零线，那么开关盒中必须预留零线。然而，绝大多数已装修家庭不会预留零线，所以这些家庭只能选择更贵的单火智能开关。如果对要装修的家庭，打算或以后打算安装智能开关，那么一定要预留一根零线，这样就可以安装既便宜又稳定的零火智能开关了。

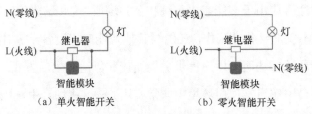

图 5-3　智能开关原理

表 5-1 展示了单火智能开关和零火智能开关的区别。首先是安装便捷度，单火智能开关安装和传统开关完全一样，而安装零火智能开关需要单独一根零线，这就大大限制了多数人的选择。在价格方面，单火智能开关要比零火智能开关更贵，但在稳定性上，后者反而比前者更加稳定。单火智能开关对用电设备的功率也有要求，要求在 3W 以上，如果电灯的功率小于 3W，就会出现电灯闪烁或者发出微弱亮光的现象，而零火智能开关就没这个限制。在使用范围这方面，单火智能开关完胜零火智能开关，一根零线彻底制约了大家的选择。

表 5-1　单火智能开关与零火智能开关的区别

开关	安装便捷度	价格	稳定性	最小功率	使用范围
单火智能开关	方便	略贵	一般	3 W	范围广
零火智能开关	需预留零线	便宜	较好	无限制	给开关盒预留零线的房屋

2．负载功率

负载功率是选购智能开关的考量因素。其实，控制常规的灯具对智能开关而言绰绰有余，但是控制一些大功率负载时就要注意了。一旦负载功率超过智能开关的最大负载功率，就会存在安全隐患。图 5-4 展示的小米智能开关的负载功率范围为 3~200 W。可以看出，除了最大功率不能超过 200 W 外，还有 3 W 的最小功率的限制。这是单火智能开关所特有的要求，因为它和用电设备串联在一起，如果控制功率小于 3 W 的灯具，就会使电灯出现闪烁或者灯光微弱的情况。

图 5-4 小米智能开关

如果选购智能开关的目的只是单纯地控制灯具,那么智能开关的负载功率小点也无所谓。但是,如果还想控制一些家用电器,那么最好选择负载功率较大的智能开关。

3．附加功能

智能开关不仅仅可实现通过手机远程控制智能设备,还能与其他智能设备联动。

双控:和传统开关一样,智能开关也可以实现双控功能。不少厂商推出了配套使用的粘贴式墙壁开关,它可以和智能开关配对,实现双控。例如一盏灯可以同时由两个开关控制。

语音控制:智能开关可以与智能音箱相连,通过与智能音箱进行语音交互来实现控制。这样,只要动动嘴巴,就能控制电灯的开和关了。

多平台支持:如今不少厂商推出的智能开关支持多平台连接,例如米家智能开关可以接入米家生态和天猫精灵。

5.4 实验:配置与操作智能设备

5.4.1 使用米家 APP 配置与使用小米路由器

1．小米路由器的安装

小米路由器系列产品包装标配包含 1 台路由器主机、1 份说明书、1 根电源线、1 根网线(部分型号附送),如图 5-5 所示。

路由器主机×1

说明书×1

电源线×1

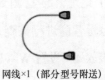
网线×1(部分型号附送)

图 5-5 小米路由器系列产品包装标配

将路由器接通电源,并将路由器的 WAN 接口通过网线连接至光纤调制解调器 LAN 接口或运营商提供的网络接口,如图 5-6 所示。

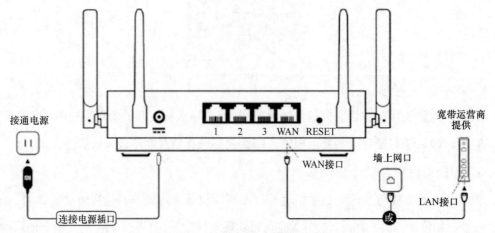

图 5-6　小米路由器的接线示意

等待一会儿,路由器的系统(System)指示灯变为白色或者蓝色常亮,网络(Internet)指示灯先为橙色,并在 1 min 左右转为蓝色常亮。若指示灯的亮起状态不一致,建议读者重置路由器,重复上述操作。小米路由器指示灯如图 5-7 所示。

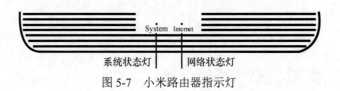

图 5-7　小米路由器指示灯

2. 使用米家 APP 配置小米路由器

使用米家 APP 配置小米路由器的步骤如下。

步骤 1:打开米家 APP,收到"发现设备"弹窗后,单击"开始添加"按钮。若米家 APP 没有出现弹窗,则单击右上角"+",选择路由器进行添加。

步骤 2:将添加的路由器按新路由器进行设置。

步骤 3:进入设置页面,依次单击"马上体验"→检测上网方式(PPPoE、DHCP、静态 IP 地址)。若检测到的上网方式为 PPPoE,需要填入宽带账号和宽带密码(如果忘记,请联系运营商进行核查)。下面以 DHCP 上网方式为例,展示具体操作。

步骤 4:设置 Wi-Fi 名称、密码,该密码可同时作为路由器管理密码。

步骤 5:确认信息,初始化设置成功。

步骤 6：路由器 Wi-Fi 模块会自动重启。之后刷新 WLAN 列表，选择刚设置的 Wi-Fi 名称进行连接。

3. 使用米家 APP 设置路由器

接入米家 APP 后，在 APP 的"路由器"板块中可以进行网络设置、（定时）重启、QoS 限速、防蹭网等操作。

网络设置的操作过程为：米家 APP→单击设备→网络设置→Wi-Fi 设置→设置 Wi-Fi 名称、密码、加密方式、信号强度、隐藏网络。

QoS 限速的操作过程为：米家 APP→单击设备→QoS 限速→根据网络带宽和设定的服务优先级调配网速。

（定时）重启的操作过程为：米家 APP→单击设备→重启按钮或设置定时重启。定期对路由器进行重启，可以保持良好的网速。

防蹭网的操作过程为：米家 APP→单击设备→防蹭网。防止其他人蹭网有以下两种设置方法。

- 可以通过设置黑名单的方式，把蹭网的设备 MAC 地址加入黑名单。加入黑名单的设备将无法通过路由器上网。
- 可以通过设置白名单的方式，把允许上网设备的 MAC 地址加入白名单。仅加入白名单的设备可以通过路由器上网，其他设备无法通过路由器上网。

5.4.2 小米智能开关（零火版）的安装与使用

小米智能开关有单开、双开和三开 3 种型号，读者可以根据实际需求进行选择。本实验使用的是单开版。这款智能开关的侧面底部有两个小槽，方便用户开启前面板。两个小槽中间还有一个指示灯，用户可以根据指示灯的颜色了解智能开关当前的工作状态。小米智能开关侧面如图 5-8 所示。

图 5-8　小米智能开关侧面

开启前面板后，小米智能开关的内部结构如图 5-9 所示。我们可以看到在靠近下方的中间位置上有一个开关键，短按可开启/关闭设备，长按可进行设备重置。智能开关在使用过程中出现问题，我们可以先通过重置进行解决。

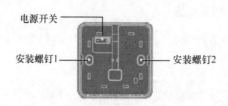

使用螺钉开关固定到墙壁接线盒，并将
电源开关拨到"通电"位置

图 5-9　小米智能开关内部

在开关的背面有 3 个接线孔，从左到右依次为零线接入 N 孔、火线接入 L 孔和负载（灯）线接入 L1 孔。在安装方面，建议请专业人员来操作。当然，如果读者有一定的电工知识背景，自己动手也是能轻松搞定的。请注意：安装前先进行验电，将火线、零线和灯线找出来。图 5-10 展示了小米智能开关的安装步骤，最后盖上开关前面板即可。

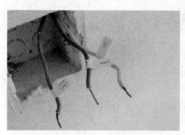

（a）找出火线、零线和灯线

（b）将3根线接到开关对应的接线孔上

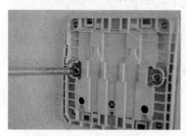

（c）将开关固定在墙上

（d）固定完成

图 5-10　小米智能开关的安装步骤

作为一款智能开关，我们可以通过手机 APP 对灯具进行远程操控。由于小米智能开关（零火版）已经接入米家生态，我们可以通过米家 APP 对开关进行操控。进入米家 APP 后，系统会自动搜索附近是否有新设备。如果有，我们只需根据系统提示完成设备添加操作，图 5-11 展示了智能开关的添加过程。

项目五 小米智能网关与智能开关

（a）发现新设备

（b）添加成功

（c）智能开关界面

图 5-11 米家 APP 添加智能开关

进入智能开关主界面，界面中间为智能开关图标，单击该图标即可实现开关的开启或关闭。图标下方是电量和功率统计区域，最下方是"智能场景"选项。在电量和功率统计区域，我们不仅能够查看设备当日用电量和当前功率，还可以以日和月维度查看统计数据，了解灯具的用电量。图 5-12 展示了智能开关在米家 APP 上的主界面和统计界面。

（a）主界面

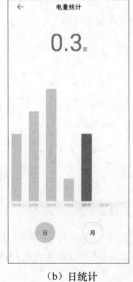
（b）日统计

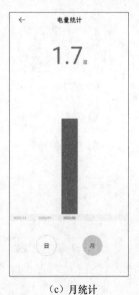
（c）月统计

图 5-12 智能开关在米家 APP 上的主界面和统计界面

进入米家 APP 的"设置"界面，我们还能对智能开关进行定时、转无线开关等操作，如图 5-13 所示。

(a) 设置界面　　　　　(b) 定时　　　　　(c) 转无线开关

图 5-13　米家 APP 对智能开关的设置

当然作为智能开关，小米智能开关（零火版）除了支持远程控制外，还支持智能联动功能，即通过推荐或自定义功能，和其他接入米家 APP 的产品进行联动。米家 APP 预置了 4 种智能场景，方便用户直接调用，如图 5-14 所示。

(a) 4 种智能场景　　　(b) "我出门了"场景　　　(c) "晚安"场景

图 5-14　米家 APP 预设的 4 种推荐场景及示例

小米智能开关（零火版）还支持自定义模式，用户可以自由搭配，让开关和家中其他智能设备进行联动。另外,智能场景中还有"日志"功能,开关的每个操作会被自动记录,更方便用户查看。图 5-15 展示了米家 APP 智能场景的自定义功能。

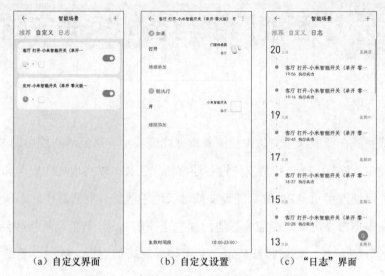

(a) 自定义界面　　　(b) 自定义设置　　　(c) "日志"界面

图 5-15　米家 APP 智能场景的自定义功能

习　题

1. 智能网关是什么?它在智能家居系统中起到什么作用?
2. 与普通开关相比,智能开关有哪些优势?
3. 智能网关如何与智能开关协同工作,以实现智能家居的远程控制?

项目六 智能门锁与智能家居安防

智慧安防系统在智能家居安防中扮演着确保家庭安全与防范潜在威胁的关键角色。在智慧安防系统中，智能门锁与智慧安防设备通常协同工作，以实现更加安全和智能的防护体验。用户可以通过手机 APP 等智能设备或语音助手等软件向智慧安防系统发送指令，智慧安防系统根据指令内容向相应的智能门锁发送控制信号。智能门锁接收到信号后，就会执行相应的开/关操作，如解锁或锁定，从而确保家居的安全。同时，智慧安防系统中的其他设备，如摄像头、传感器等，也会实时监测家居环境，并在异常情况发生时及时报警。智能门锁与智慧安防设备在智慧安防系统中发挥着至关重要的作用。

6.1 项目要求

（1）了解智能门锁的概念及特点。
（2）掌握智能门锁的功能。
（3）掌握智能门锁的组成和级别。
（4）掌握智能门锁的选购方法。
（5）了解智能家居常见的传感器机器工作原理。

6.2 学习目标

☑ 技能目标

（1）掌握小米门窗传感器的安装与配置方法。
（2）掌握小米人体红外传感器的安装与配置方法。
（3）掌握小米米家智能门锁的配置与使用方法。

☑ 思政目标

（1）通过智能门锁和智能家居安防系统的学习，增强读者的安全防范意识，提高他们对家庭和社会安全的重视。

（2）在讲解智能门锁的安全功能和法律法规时，推广法治观念，读者需要理解合法合规使用智能门锁的重要性。

（3）智能家居安防技术不仅关乎个人安全，也关系到社区和社会的安全，读者要有社会责任感，要为构建安全和谐的社会环境贡献力量。

☑ 素养目标

（1）掌握智能门锁和安防设备的配置与使用方法。

（2）培养安全风险评估与应对能力，能够识别潜在的安全隐患并采取相应的防范措施。

（3）提高跨领域知识整合能力，能够综合运用不同领域的知识解决实际问题。

6.3 相关知识

6.3.1 智能门锁概述

智能门锁是指区别于传统机械锁，在用户识别、安全性、管理性等方面更加智能化的锁具。它是门禁系统中锁门的执行部件，是具有安全性、便利性、先进技术的复合型锁具，不仅具备传统门锁的锁闭功能，还增加了用户识别、报警、远程控制、智能家居联动等智能化功能。智能门锁通常采用密码、指纹、虹膜识别、手机蓝牙、动态密码等多种开门方式，为用户提供更加便捷、安全的开门体验。

智能门锁的由来可以追溯到 20 世纪 70 年代，当时微电子技术在欧美、日韩等国家（地区）广泛应用。亚萨合莱集团的 Yale（耶鲁）智能家居锁开始采用指纹、密码等技术，这标志着智能门锁的初步形成。在我国，智能门锁的起步较晚，但发展迅速。20 世纪 90 年代，我国第一批锁企开始崛起。随后，随着指纹识别技术的引入和自主研发能力的提升，智能门锁逐渐走向家用市场。近年来，随着物联网技术的快速发展和智能家居概念的普及，智能门锁作为智能家居的重要组成部分，得到了广泛关注和应用。如今，智能门锁（如图 6-1 所示）越来越受到消费者的青睐。

图 6-1　智能门锁

市面上锁具种类繁多，其中包括机械锁、感应锁等，它们各自适用于不同的场合，价格也有所差异。然而，在这些锁具中，机械锁因其内部机械组合的简单性，安全性相对较低，已逐渐无法满足人们的需求。感应锁虽然在一定程度上提升了安全性，但存在灵敏度不足、使用寿命有限以及价格偏高的问题，因此并未得到广泛普及。

相比之下，智能门锁则以其卓越的性能和多样化的功能脱颖而出。智能门锁不仅解决了机械锁和感应锁存在的问题，还实现了远程开门、轻松联动、高度安全保险以及双向反馈等功能。它不再仅仅是一款对传统机械锁进行简单改进的锁具，而是在用户安全性、身份识别以及管理等方面实现了智能化和简便化的复合型锁具。作为门禁系统中锁门的执行部件，智能门锁在提升安全性和便捷性方面发挥了重要作用。

智能门锁的种类繁多，例如磁卡锁、指纹锁、虹膜识别锁，每种锁具都有其独特的特点和适用场景。磁卡锁适用于需要频繁更换权限的场合，指纹锁则以其高安全性和便捷性受到家庭用户的广泛欢迎，虹膜识别锁则因其极高的识别精度和安全性应用于对安全性要求极高的场所。

在应用领域方面，智能门锁已经广泛应用于银行、政府部门等对安全性要求极高的场景中。同时，随着智能家居的普及和消费者对家庭安全性的日益重视，智能门锁在家居领域的应用也越来越广泛。它不仅提升了家庭的安全性，还为居民带来了更加便捷、智能化的生活体验。

智能门锁集成了智能化模组与云服务 APP，形成了一站式的智能化解决方案，这为开发者提供了极大的便利，使他们能够以低成本、高效率的方式开发出智能门锁及其周边产品，实现与智慧安防、智慧公寓、智慧酒店、智慧商业等多种商业场景的无缝互联。这种互联性为合作伙伴带来了前所未有的拓展机会，使他们能够构建出具有无限可能的智能商业生态。通过智能门锁，合作伙伴可以轻松地将智能门锁产品融入到各种智慧场景中，实现门禁管理的智能化和便捷化。

6.3.2 智能门锁特点

1. 多样化的开锁方式

智能门锁的开锁方式不再局限于传统的钥匙，而是提供了多种选择。例如，指纹开锁利用生物识别技术，通过指纹快速解锁，安全且方便；密码开锁只需输入预设的密码即可，简单易记。IC 卡开锁、手机 APP 开锁、NFC 开锁等也是常见的开锁方式。

2. 高安全性

智能门锁在安全性上有显著提升，例如采用 C 级锁芯，可有效防止撬锁和暴力开锁。智能门锁通常还具备报警功能，其中包括异常报警、防撬报警、试错报警等，这进一步提高了锁的安全性。虚位密码技术则能防止密码泄露，用户可以在正确密码前后随意输入数字作为虚位密码，让智能门锁更安全。

3. 远程控制与监控

智能门锁的远程控制和监控功能为用户提供了诸多便利。用户可以通过手机 APP 远程开锁，或发送临时密码给访客，实现远程控制。部分智能门锁还配备了摄像头，可实时监控门外情况并与访客进行视频通话。

4. 智能家居联动

智能门锁可以与智能家居系统进行联动，实现更多智能化场景。例如，开门时智能门锁会触发自动开启灯、调节温度等机制，让相应设备执行具体操作，为用户提供个性化的家居体验。同时，智能门锁还支持更多智能设备的联动控制，如与监控系统、报警系统等联动，提高整体安全管理水平。

5. 用户管理便捷

智能门锁提供便捷的用户管理功能，方便对家庭成员和访客进行管理。管理员可以轻松添加或删除指纹、密码和 IC 卡等，实现个性化设置。同时，智能门锁还能记录开锁信息和操作记录，方便查看和溯源，支持以短信、电话、APP 等多种方式对相关信息（如告警信息）的实时推送。

6.3.3 智能门锁功能

1. 开锁方式

智能门锁支持多种开锁方式，具体如下。

人脸识别：通过 3D 人脸识别技术，结合强大的人工智能算法，实现快速、精准的人脸识别开锁。这种技术不仅解放了双手，还大大提高了锁具的使用便捷性和安全性。

指纹识别：采用新一代生物识别技术，如静脉识别，确保识别的准确性和安全性。

密码开锁：支持虚位密码技术，用户可以在正确密码前后添加无关数字，防止密码被窥视。

手机开锁：通过手机 APP、蓝牙、Wi-Fi 等方式，实现远程开锁或临时密码分享。

感应卡开锁：使用感应卡，将卡靠近门锁刷卡区域即可开锁。这种方式便捷且无须担心插卡锁频繁插拔带来的机械磨损。

2. 可视化管理

智能门锁支持多种可视化管理方式，具体如下。

可视猫眼：通过分布式可视猫眼设计，用户可以在家门内通过大屏查看门外情况，还可以通过手机、智慧屏等一键联动，实时掌握家门外的情况。

实时监控：部分智能门锁具备监控抓拍功能，可以记录门外异常情况，为用户的安全提供进一步保障。

3. 智慧化管理

智能门锁提供智慧化管理，具体如下。

一站式管理：通过手机 APP 实现一站式管理，用户可以轻松设置门锁的各种参数和功能，还可以联动全屋智能设备，打造智能家居场景。

定时开/关锁：用户可以设置门锁的定时开关功能，如设定在特定时间段内保持开启状态（常开模式）。这种方式适用于商店、办公场所等特定场景。

4. 安全功能

智能门锁的安全功能体现在以下方面。

高级锁芯：采用直插式 C 级锁芯，这是市面上安全等级非常高的锁芯之一，大大提升了门锁的物理安全性能。

防撬报警：门锁具备防撬报警功能，一旦遭遇暴力破坏或非法开锁行为，会立即发出警报并通知用户。

数据加密：门锁的用户数据和控制权限均经过加密处理，确保信息安全。

5．其他功能

紧急供电：智能门锁配备紧急供电功能，如 Type-C 接口或 USB 接口。当出现智能门锁电量用尽无法开门的情况时，用户可用充电宝通过这两种接口为门锁充电，确保在电量不足时仍能正常使用锁具。

低电量提醒：当门锁电量低于一定水平时，门锁会发出低电量提醒，提醒用户及时更换电池或为门锁充电。

自动上锁：部分智能门锁具备自动上锁功能，确保用户在出门后无须担心忘记锁门。

6.3.4 智能门锁的组成和级别分类

1．智能门锁的组成

智能门锁由多种元件组成，图 6-2 展示了市场上一款智能门锁的结构。

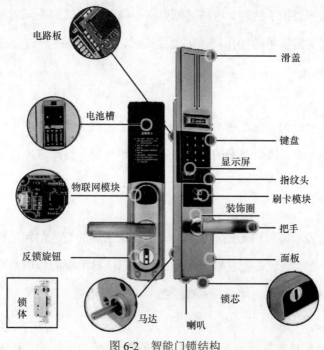

图 6-2 智能门锁结构

（1）面板

市场上智能门锁面板使用的材料有锌合金、不锈钢、铝合金、塑料等。智能门锁面板的主要作用是提供便捷、安全的身份验证方式，以控制门锁的开启与关闭。

（2）锁体

锁体的材料主要是不锈钢。锁体主要分为标准锁体和非标准锁体两种。智能门锁锁体的作用是负责门锁的基本防盗功能，通过电子离合机构和电机驱动实现智能化开锁与锁闭。

（3）电路板

电路板是智能门锁的核心，电路板的好坏会影响智能门锁使用性能。智能门锁电路板的作用是作为门锁系统的核心，集成指纹识别、密码输入等多种功能，确保门锁的安全性和稳定性。

（4）马达

马达是智能门锁提供动力的电机，耗电很少。当用密码、刷卡或者指纹开锁时，人们会听到马达转动的声音。智能门锁马达的作用是提供动力，驱动锁舌伸缩，实现门锁的自动化开关操作。

（5）把手

把手有长把手和圆把手两种，用户可以根据不同的需要选购不同的智能门锁把手。智能门锁把手的作用是提供手动操作门锁的便捷方式，同时也是用户进行身份验证后开启门锁的直接物理接口。

（6）装饰圈

并不是所有的智能门锁都配置有装饰圈，配置了装饰圈的智能门锁看上去更大气，但成本会稍高一些。智能门锁装饰圈的作用是美化门锁外观，提升整体设计感，同时可能也具有一定的保护作用。

（7）显示屏

显示屏有蓝光显示屏和白光显示屏两种，配有显示屏的智能门锁的操作会更直观。但是，并不是所有的智能门锁都配置有显示屏。智能门锁显示屏的作用是直观显示时间、日期、用户信息、操作提示等，增强门锁的交互性和用户体验。

（8）键盘

智能门锁的键盘通常是利用光的反射来判断输入的。键盘光主要分为蓝光和白光两种，白光的反射效果一般比蓝光的反射效果好，对输入也比较敏感。智能门锁键盘的作用是供用户输入密码或进行其他指令输入，是智能门锁身份验证的主要操作界面之一。

（9）指纹头

智能门锁的指纹头主要分两种，光学指纹头和半导体指纹头。一般来说，半导体指纹头价格会高于光学指纹头价格，但是，有些识别点数较多的光学指纹头会比低档的半导体指纹头贵。智能门锁指纹头的作用是采集并识别用户指纹信息，实现高效、安全的身份验证。

（10）锁芯

锁芯是判断一把智能门锁价格的一个重要因素，因为不同级别锁芯的安全级别是不一样的。使用超 C 锁芯的智能门锁在防止技术机械开锁上会更有保障。智能门锁锁芯的作用是作为门锁的核心部件，通过复杂的内部结构实现高安全性开锁，保障家居安全。

（11）电池槽

目前主流的智能门锁电池槽主要有 4 节电池槽和 8 节电池槽。智能门锁电池槽的作用是固定和容纳门锁所需的电源电池，确保门锁系统的持续供电和正常运行。

（12）反锁旋钮

所有家用智能门锁都配置了反锁旋钮。智能门锁反锁旋钮的作用是提供额外的安全锁定功能，防止外部人员通过技术手段或非正常方式开启门锁。

（13）滑盖

智能门锁分有带滑盖和不带滑盖（直板）两种，带滑盖的智能门锁可以有效保护智能门锁的键盘、指纹头、显示屏等元件。用户可根据不同场合的需要选择智能门锁是否带滑盖。智能门锁滑盖的作用是保护门锁的关键部件（如键盘、指纹头等），防止灰尘、水分等外界因素干扰，同时增加门锁的美观性。

（14）物联网模块

蓝牙模块也是智能门锁物联网模块，有些模块的智能门锁配合上 Wi-Fi 魔盒，可以实现智能门锁的物联网（也就是远程开锁、在线信息推送、在线查看开锁记录）。智能门锁使用的通信协议不同，智能门锁内部使用的物联网部分也会不同。

2．门锁的等级

基于锁的安全性能和结构特点，门锁的等级通常分为 A、B、C 这 3 个等级。普通机械锁的等级分类和智能门锁的分类大致相同，如图 6-3 所示。

（a）A级锁芯及其钥匙　　　　（b）B级锁芯及其钥匙　　　　（c）C级锁芯及其钥匙

图 6-3　不同等级机械锁的锁芯及其钥匙

机械锁的等级分类如下。

A级：目前市面上 A 级锁钥匙主要有一字钥匙和十字钥匙。A 级锁芯的内部结构非常简单，仅限于弹子的变化，弹子槽少而浅。弹子结构为单排弹子或十字锁。

B级：B 级锁钥匙为平板钥匙，有双排弹子槽，和 A 级锁的不同之处在于钥匙面多了一排弯弯曲曲的不规则线条。该等级的锁芯类型主要有 3 种，分别是电脑双排锁芯、双排月牙锁芯、双面叶片锁芯。

C级：C 级锁钥匙的形状为单面叶片内铣槽，或具有外铣槽或结合了双排和叶片，锁芯类型为边柱锁芯。弹子结构为双排叶片加 V 型边柱锁定。如果用强扭工具开启 C 级锁芯，那么锁芯内部被破坏，自爆锁死，无法开启。

依据功能与安全性的不同，智能门锁也划分了 A、B、C 这 3 个等级，等级的提升（A→B→C）代表着功能与安全性能的显著增强，具体如下。

A级：作为基础级别，A 级智能门锁的功能相对简单，主要依赖传统钥匙或手动操作开锁。这类锁的安全性相对较低，适用于对安全性要求不高的场合。

B级：B 级智能门锁在 A 级智能门锁的基础上增添了 RFID、刷卡、指纹等多种开锁方式，大幅提升了安全性能。它适用于对安全性有一定要求的场合，如家庭、办公室等。

C级：C 级智能门锁作为高级配置，不仅囊括了 B 级智能门锁的所有功能，还增加了远程监控、语音提示、物理密钥备份等高级功能。它的安全性非常高，适用于对安全性要求极高的场合，如银行、政府部门等。

6.3.5　智能门锁选购建议

在选择智能门锁时，用户可以综合考虑以下方面。

1. 预算和功能

智能门锁的功能与定位往往与其价格紧密相关。购买智能门锁重要的是选择适合的锁，而非盲目追求高价的锁。门锁作为家庭安全的首要屏障，用户在购买前必须明确自己的预算和对锁的功能需求。因为一旦安装完成，大多数品牌不接受（非质量原因的）退货，而频繁更换锁又显得不切实际，这最终可能导致用户勉强使用不满意的产品，所以，在前期明确预算和功能需求至关重要。

如果预算在 1000 元以内，那么可选的智能门锁以半自动款式居多。这类锁的功能单一，安防性能一般，品牌比较少。如果预算在 2000 元以内，那么可选的智能门锁属于入门级款式，拥有基础的指纹识别、密码解锁等，其辅助功能配置一般，适合个人使用。如果预算在 2000～3000 元之间，那么可选的智能门锁的品牌相对较多，而且功能齐全。此类锁的便捷性强，性价比高。如果预算在 3000 元以上，那么可选的智能门锁的功能更多，安全性更高。

2. 品牌

目前，我国市场上的智能门锁品牌非常多，图 6-4 从企业主业的角度展示了主流的智能门锁企业（智能门锁产品）。

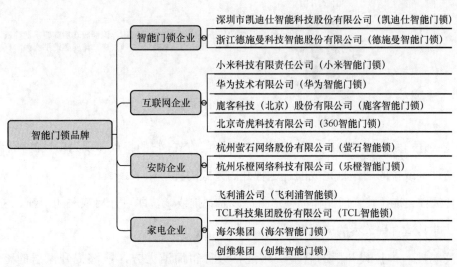

图 6-4　智能门锁主流企业（智能门锁产品）

从图 6-4 中可以看出，智能门锁领域不仅有专业的智能门锁企业，还有许多互联网企业、安防企业和家电企业。目前，这些品牌在技术水平上难分高下，尚未有哪家企业能够独占核心技术的鳌头。在实力相当的情况下，消费者在选择智能门锁时，应注重品牌所提供的服务。

3．服务

在选购智能门锁之前，非常关键的一步是由品牌专业人员对安装智能门锁的目标门进行细致评估，以确保挑选的智能门锁与目标门的完美兼容，从而规避购买后可能遭遇的安装难题，也能节省用户的时间与精力，因此，选择具有专业的安装服务的品牌至关重要，它能保证智能门锁得到正确且安全的安装，有效防止因安装不当而引发的故障或安全隐患。此外，一旦智能门锁出现故障，拥有可靠售后服务的品牌让用户能够迅速联系到专业团队进行解决，为用户提供更多保障。

4．开门方式

智能门锁的开门方式主要分为推拉式开门和执手式开门两种，图6-5展示了这两种方式。

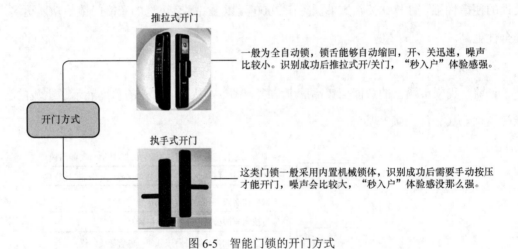

图 6-5　智能门锁的开门方式

推拉式开门是智能门锁中较为常见的一种开门方式，它的特点体现为门锁的开启和关闭都是通过推或拉的动作来完成的。这种开门方式的优势如下。

- 便捷性：推拉式开门操作简便，用户只需一推或一拉即可开启或关闭门锁。这种方式非常适合快节奏的应用场景。
- 美观性：推拉式开门的智能门锁通常设计得简洁大方，能够提升家居的整体美观度。
- 安全性：许多推拉式开门的智能门锁配备了多种开锁方式，如指纹、密码、刷卡等，大大提高了门锁的安全性。

执手式开门也是一种常见的智能门锁开门方式，它的特点体现为门锁的开启是通过用户握住执手并旋转来完成的。这种开门方式的优势如下。

- 传统性：执手式开门方式较为传统，符合许多人的使用习惯。
- 稳定性：执手式开门的智能门锁在结构上通常更加稳定，能够承受较大的外力冲击。
- 多样性：执手式开门的智能门锁同样支持多种开锁方式，如指纹、密码、刷卡等，可满足不同用户的需求。

6.3.6 智能家居安防概述

智能家居安防是一种结合了智能技术和安防功能的创新系统，它通过物联网、传感器等技术手段和设备，实现了家居环境的实时监测和安全防护。

1. 定义与功能

智能家居安防是指通过人工智能技术，利用智能家居设备（如智能摄像头、智能门窗传感器等）实现家居安防功能，实时监测家居环境的系统。它的核心是物联网技术，通过连接家庭中的各种设备和传感器实现信息的互联互通，从而提供安全保护和远程控制的功能。

智能家居安防具备多种功能，包括但不限于以下几种。

监控功能：系统配备高清摄像头，具有夜视功能，可以实时监控家庭环境。当有可疑人员或异常情况出现时，系统会立即向用户发出警报，并将监控画面发送给用户，以便用户及时采取措施。

报警功能：无论是入侵警报、火警警报还是紧急求助警报，系统都能够及时发出声光报警，并通过手机 APP 向用户发送即时通知，使用户可以迅速做出反应。

远程控制功能：用户可以通过手机 APP 对智能家居设备进行控制，如远程锁门、打开灯、关闭电器等，即使不在家也能保持对家庭环境的控制。

家庭自动化功能：系统可以与其他智能家居设备进行联动，实现自动化功能。例如，当检测到有人离开家时，系统可以自动关闭电器设备和电灯，以节约能源和降低安全风险。

2. 核心组成与技术

智能家居安防的系统组成包括智能门锁、摄像头、门窗传感器、烟雾报警器等设备。

这些设备通过传感器技术、通信技术、数据处理和分析技术等实现远程控制和实时监控功能。

传感器技术：系统通过各种传感器获取家庭环境的信息，包括门窗状态、温度、湿度、烟雾浓度等。通过采集和分析这些数据，系统可以判断家庭环境是否存在安全风险。

通信技术：系统利用无线通信技术（如 Wi-Fi、蓝牙等）将传感器获取的数据传输到中央控制系统，同时也将用户的指令传达给各设备。

数据处理和分析技术：系统收集到的大量数据需要经过处理和分析，通过比对分析结果和预设的安全规则来确认是否有异常情况发生。同时，系统也可以通过学习用户的习惯和行为，提供更加智能化的安全保护。

3．应用场景与优势

智能家居安防在住宅安全、商业场所、老年人护理等方面有成熟的应用。

住宅安全：系统可以保护住宅免受盗窃、抢劫、火灾等威胁。一旦有可疑情况发生，系统会立即启动警报并通知用户，同时提供监控画面供用户分析。

商业场所：系统也适用于办公室等商业场所的安全保护，通过监控和报警功能可以减少财产损失，提高员工的安全感。

老年人护理：系统还可以监测老年人的行为习惯和身体指标，一旦发现异常，会向护理人员发送警报，保障老人的健康和安全。

智能家居安防的优势在于其高效性、便捷性和智能化。系统能够自动检测、分析和响应潜在的安全威胁，提供实时监控和数据分析，显著提升安全管理的效率和精准度。同时，用户可以通过手机 APP 随时随地查看家庭环境并采取措施，这大大提高了家庭安全的可控性和便捷性。

4．发展趋势

随着科技的不断发展和社会安全意识的提升，智能家居安防将会得到普及化应用，并朝着以下趋势进行发展。

集成化和平台化发展：未来系统将更加注重集成化和平台化发展，实现不同子系统的互联互通和高效协同。

智能化程度不断提升：随着人工智能、大数据等技术的深度融合，系统将逐步从数字化、网络化向智能化转变。

应用场景不断拓展：随着智慧城市、智能家居等项目的推进，系统将在公共安全、交通管理等多个领域发挥重要作用。

6.3.7 传感器

在物联网中，传感器能够感知并检测测量对象的物理量或化学量，并将这些检测数据转换成可以计量的输出信号，其中，物理量包括温度、压力、磁性、光等，化学量包括pH值、浓度、纯度等。传感器通过将这些感知到的信息转换为电信号或数字信号，供其他设备或系统进行处理和分析。

传感器的特点如下。

- 高精度：传感器能够准确地测量和感知环境中的物理量或化学量。
- 高灵敏度：对微小的环境变化，传感器也能产生明显的信号输出。
- 低功耗：传感器采用低功耗设计，能够适应物联网设备的长时间运行需求。

传感器在物联网中的应用非常广泛，包括但不限于以下几方面。

智能家居：传感器用于感知家庭环境的温度、湿度、光照等信息，通过物联网将这些信息传输给智能家居系统，实现自动调节室内温度、控制照明等功能。

工业领域：传感器用于感知生产线上的各种指标，如温度、压力、振动等，通过物联网将这些信息传输给监控系统，实现对生产过程的实时监测和控制，提高生产效率和质量。

交通运输：传感器用于感知交通流量、道路状况等信息，通过物联网将这些信息传输给交通管理系统，实现交通流量的调度和优化。

农业：传感器用于感知土壤湿度、气温、光照等信息，通过物联网将这些信息传输给农业管理系统，实现对农作物的精准灌溉和施肥。

环境监测：传感器用于感知大气污染、水质污染等信息，通过物联网将这些信息传输给环境监测系统，实现对环境污染的实时监测和预警。

随着物联网技术的不断发展和普及，传感器技术也在不断创新和进步。未来传感器的发展将集中在以下方面。

微型化与集成化：传感器体积不断缩小，集成度不断提高，以适应物联网设备的小型化和集成化需求。

智能化与网络化：传感器将具备更强的数据处理和通信能力，实现与物联网系统的无缝连接和协同工作。

高精度与高灵敏度：传感器将不断提高测量精度和灵敏度，以满足物联网应用对高精度测量的需求。

低功耗与长寿命：传感器将采用更先进的低功耗设计技术，以适应物联网设备在恶劣环境中的长时间运行需求。

6.3.8 智能家居安防中常见的传感器

传感器作为智能家居安防的核心部件，具有采集和感知信息的重要功能，能够实现对家庭环境的实时监测。以下是一些常见的传感器及其在智能家居安防中的应用。

（1）人体运动感应器：主要用于检测人的行为和智能跟踪。当检测到异常人形移动时，人体运动感应器会自动触发报警系统，发出声光报警。这种传感器在智能家居安防中起到了重要的防范作用。

（2）温湿度感应器：能够实时感知室内的温度和湿度变化。当温度过高或湿度太低时，温湿度传感器会自动打开空调或加湿器，将室内环境调节至人体舒适区，这不仅提高了居住的舒适度，还有助于保护家具和装修材料不受损害。

（3）PM 2.5 空气检测器：自动检测室内空气质量，并瞬时精准得到空气指数。当检测到空气质量不达标时，它会自动打开空气净化器进行空气净化，保障家庭成员的呼吸健康。

（4）红外线传感器：具有灵敏度高、反应快等优点。它不仅能够用于红外遥控和红外探测方面，还能与家庭报警系统相结合，当有人闯入时触发报警机制。红外线传感器在智能家居安防中起到了重要的监测和防范作用。

（5）烟雾报警器：主要用于防范火灾。当检测到烟雾时，烟雾报警器会立即发出高分贝的报警声，并触发家中的电器设备做出断电的动作，从而降低火灾造成的经济损失和人员伤亡。

（6）水浸报警器：当检测到浸水水位高达一定值时，水浸报警器会立即上报险情，并联动网关发出声光报警。同时，它还会将报警信息推送至手机 APP，并联动机械手关闭水阀，防止水浸造成的损害。

（7）燃气报警器：当可燃性气体浓度达到报警值时，燃气报警器发出尖锐的高音警报，提醒用户及时处理警情，从而避免燃气泄漏引发的火灾、爆炸等恶性事故。

（8）门窗感应器：通过门磁场景联动，可监测门窗和抽屉是否被非法打开或移动。它还能与照明系统相结合,实现推门灯自动亮的功能,提高居住的便捷性和安全性。

此外,智能家居安防中还有存在传感器、辅助康养传感器、压力传感器等多种传感器,它们各自具有独特的功能和优势,共同构成了强大的智能家居安防系统。

下面以人体运动感应器和门窗感应器为例,介绍传感器的工作原理、性能优势、安装注意事项和主要用途。

1. 人体运动感应器

(1) 工作原理

人体运动感应器的工作主要基于红外辐射探测。人体具有恒定体温,会发出特定波长的红外线,人体运动感应器内的红外模块能接收这些红外辐射并将其转化为电信号。当人体在感应范围内移动时,红外辐射发生变化,人体运动感应器检测到这一变化后触发相应功能,如自动开/关灯等。此过程涉及红外辐射的接收、信号转换与处理,以及最终触发响应等多个环节。人不离开感应范围,灯的开关将持续接通,保持灯亮;人离开后或在感应区域内长时间无动作,灯的开关自动断开,实现关灯。人体传感器实物示例如图6-6所示。

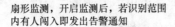

图6-6 人体运动感应器实物示例

(2) 性能优势

人体运动感应器的性能优势体现在以下方面。

- 灵敏度高:人体运动感应器能够准确捕捉人体的移动,即使微小的动作也能检测到。
- 反应迅速:人体运动感应器响应速度快,能够在短时间内触发相应的操作。
- 稳定性好:采用先进的探测技术和信号处理算法,确保人体运动感应器在各种环境下都能稳定工作。
- 低功耗：人体运动感应器采用更合理的设计方案，降低了功耗，适合长时间使用。
- 易于安装和维护：结构简单，安装方便，而且易于进行日常维护和调试。

（3）安装注意事项

安装人体运动感应器时应注意以下事项。
- 位置选择：人体运动感应器应安装在人员活动频繁的区域，同时避免被遮挡。
- 高度适宜：人体运动感应器的安装高度应适中，一般建议距地面 1.2～1.5 m，以便更准确地感应到人体活动。
- 避免干扰：人体运动感应器应远离热源、强光源和电磁干扰强的设备，如微波炉、浴霸、大型电机等，以免影响其正常工作。
- 预留接口：安装前需预留足够的电源接口和线路走向，确保人体运动感应器有稳定的电力供应，并便于后续维护。

（4）主要用途

人体运动感应器可用于以下场景。
- 智能家居：人体运动感应器可用于智能家居系统，实现自动开关灯、调节空调温度等功能，提高家居生活的便捷性和舒适度。
- 安防监控：人体运动感应器可用于安防监控系统，检测入侵者并触发报警系统，提高家庭或企业的安全性。
- 自动化控制：在工业自动化领域，人体运动感应器可用于检测工人的移动并触发相应的设备操作，提高生产效率。

2．门窗感应器

（1）工作原理

门窗感应器通常由两部分组成：磁性传感器和磁铁。当门窗关闭时，磁性传感器与磁铁相互靠近，形成闭合状态，此时门窗感应器输出一个固定的电信号。当门窗打开时，磁性传感器与磁铁相互远离，形成断开状态，门窗感应器则输出另一个固定的电信号。通过检测门窗感应器输出信号的变化，系统可以判断门窗的开关状态，从而实现对门窗的监控。

（2）性能优势

门窗感应器的性能优势体现在以下方面。
- 实时监测：门窗感应器能够实时监测门窗的开/关状态，确保安全监控的实时性。

- 高精度：门窗感应器能够准确判断门窗的开/关状态，减少误报和漏报。
- 低功耗：门窗感应器采用低功耗设计，能够延长电池的使用寿命，减少更换电池的频率。
- 易于安装：门窗感应器结构简单，安装方便，不需要复杂的布线或专业工具。
- 稳定性好：门窗感应器在各种环境条件下都能正常工作，稳定性高。

（3）安装注意事项

安装门窗感应器时应注意以下事项。

- 位置选择：门窗感应器应安装在门窗的合适位置，确保与磁铁的相互配合，形成有效的闭合或断开状态。
- 避免干扰：门窗感应器应远离可能产生磁性干扰的物品或设备，以免影响其正常工作。
- 固定牢固：门窗感应器安装时应固定牢固，避免在使用过程中出现松动或脱落的情况。
- 接线正确：如果门窗感应器需要接线，应确保接线正确，避免接错线导致感应器无法正常工作或损坏。

（4）主要用途

门窗感应器可用于以下场景。

- 安全监控：门窗感应器可用于家庭、办公室等场所的安全监控。当门窗被非法打开时，门窗感应器会立即发出报警信号，提醒用户注意安全。
- 智能家居：在智能家居系统中，门窗感应器可以与其他智能设备联动，实现自动化控制，例如当门窗打开时，实现自动关闭灯或启动智能家居安防系统。
- 仓库管理：在仓库管理中，门窗感应器可用于监测货物的出/入库情况，提高仓库管理的效率和准确性。

6.4 实验：智能家居安防设备的安装与配置

6.4.1 小米门窗传感器的安装与配置

1. 产品介绍

小米门窗传感器通过传感器主体与磁铁的靠近与分开来感知门窗状态，具有低功耗、免工具安装、即贴即用的特点。小米门窗传感器仅限室内使用，需要连接网关进行智能操作。小米门窗传感器主要包含传感器主体、磁铁,其中传感器主体包括状态指示灯以及重置孔(主要在绑定/清除时使用),如图 6-7 所示。

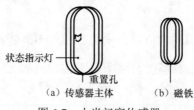

图 6-7　小米门窗传感器

2．添加设备

打开米家 APP,选择要连接的网关,在设备页面单击"添加子设备"(如图 6-8(a)所示),然后根据 APP 提示进行操作,直至网关语音提示"连接成功"为止。如添加失败,则按图 6-8(b)所示操作(长按)重置传感器主体,并将传感器主体移近网关后重试。

说明：本项目采用示意图的方式介绍具体操作。

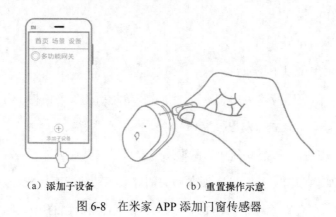

图 6-8　在米家 APP 添加门窗传感器

3．安装方法

有效距离验证：添加设备成功后,在选定的传感器安装位置,用按键针短按一下传感器的重置孔,若网关发出提示音,则表明传感器与网关之间可以有效通信。具体安装步骤如下,示意如图 6-9 所示。

步骤 1：撕下胶贴保护膜。

步骤 2：安装时尽量对齐主体与磁铁侧边的安装标记,如图 6-9(b)所示。

步骤 3：分别粘贴在所需开合区域。这里建议传感器主体安装在开合区域固定面,磁铁安装在开合区域活动面,安装间隙在门窗关闭状态下小于 22 mm。

项目六 智能门锁与智能家居安防

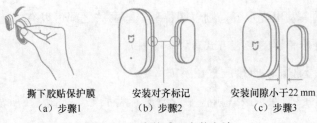

(a) 步骤1　　　　　(b) 步骤2　　　　　(c) 步骤3
撕下胶贴保护膜　　安装对齐标记　　安装间隙小于22 mm

图 6-9　门窗传感器安装方法

安装时需注意以下事项。

- 粘贴表面须保持清洁干燥。
- 安装时请避免摔落，易损坏传感器主体。

6.4.2　小米人体红外传感器的安装与配置

1. 产品介绍

小米人体红外传感器应用红外探测技术来感应环境中人或宠物的移动，具有低功耗、免工具安装、即贴即用的特点。小米人体红外传感器仅限室内使用，需要连接网关进行智能操作。小米人体红外传感器主要包含感应透镜（内含状态指示灯）以及重置孔（主要在绑定/清除时使用），如图 6-10 所示。

2. 添加设备

打开米家 APP，选择要连接的网关，在设备页面单击"添加子设备"（如图 6-11（a）所示），并根据 APP 提示操作，直至网关语音提示"连接成功"为止。如添加失败，则按图 6-11（b）所示操作（长按）重置传感器，并将传感器移近网关后重试。

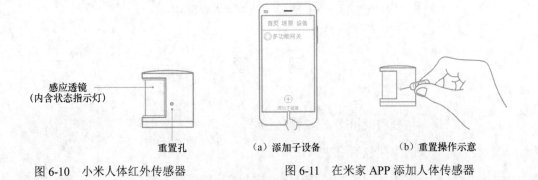

图 6-10　小米人体红外传感器　　　图 6-11　在米家 APP 添加人体传感器

3. 安装方法

有效距离验证：添加设备成功后，在选定的传感器安装位置，用按键针短按一下传感器的重置孔,若网关发出提示音,则表明传感器与网关之间可以有效通信。

小米人体红外传感器的安装方式有以下 2 种。

方式 1:不需要胶贴,直接放置在所需区域。

方式 2:撕下胶贴保护膜(附件中配有圆形背胶贴),粘贴在所需区域,其步骤如图 6-12 所示。

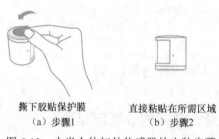

撕下胶贴保护膜　　　直接粘贴在所需区域
（a）步骤1　　　　　（b）步骤2

图 6-12　小米人体红外传感器的安装步骤

安装时需注意以下事项。

- 建议安装高度为 1.2~2.1 m,小于 1.2 m 则传感器的探测范围变小,但不影响使用；大于 2.1m 则传感器底部出现盲区,无法探测,如图 6-13 所示。
- 安装时请注意透镜要对准需要探测的区域,放置或粘贴时传感器尽量靠近桌面边缘或柜体边缘。

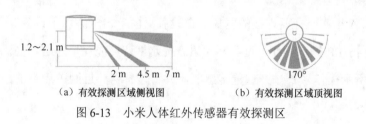

（a）有效探测区域侧视图　　　　（b）有效探测区域顶视图

图 6-13　小米人体红外传感器有效探测区

习　题

1. 智能门锁和传统门锁相比,有哪些优势?
2. 智能家居安防主要包括哪些部分?
3. 如何选购一款适合的智能家居安防系统中的智能门锁?

项目七 自动识别技术

7.1 项目要求

（1）掌握 Keil 软件的安装方法。
（2）熟悉烧录过程。
（3）了解自动识别及数据的读/写操作。

7.2 学习目标

☑ **技能目标**

（1）理解自动识别技术的基本概念。
（2）熟悉主要的自动识别技术类型。
（3）了解自动识别技术在物联网中的应用。

☑ **思政目标**

（1）鼓励读者发挥创新精神，探索自动识别技术的应用场景。
（2）通过实验操作，如安装 Keil、实现 NFC 读写功能等，提高实践操作能力。
（3）培养严谨的治学态度，理解实验数据准确性和实验过程规范性的重要意义。

☑ **素养目标**

（1）掌握自动识别技术的基本原理和应用方法。
（2）培养硬件与软件的开发能力，能够设计和开发基于自动识别技术的应用系统。
（3）培养问题解决能力和创新能力，要能够灵活应对各种挑战。

7.3 相关知识

7.3.1 自动识别技术概述

早期的信息系统是手工录入信息的,这种方式的劳动强度大,且数据录入容易出现错误、实时性不高,并不利于管理者决策。为了解决这些问题,数据的快速采集和自动识别成为迫切需求,于是各种自动识别技术相继出现。近年来,自动识别技术更是得到迅猛发展,提高了各个领域的数据采集和信息处理能力。

自动识别技术是一种高度自动化的信息或数据采集技术,以计算机和通信技术为基础,通过识别装置自动获取物品的相关数据,并将这些数据提供给后台系统完成相应的数据处理。自动识别技术的分类方法有很多种,常用的是按照识别技术以及应用领域和具体特征分类。自动识别技术按照国际自动识别技术(分类标准1)可以分为数据采集技术和特征提取技术,按照应用领域和具体特征(分类标准2)可以分为条形码识别、生物识别、图像识别、IC 卡识别、光学字符识别、射频识别、磁卡识别等技术。按照不同标准进行分类的自动识别技术如图 7-1 所示。

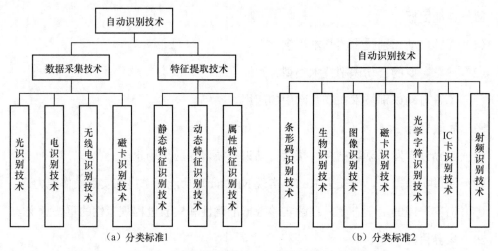

图 7-1 按照不同标准进行分类的自动识别技术

7.3.2 条形码识别技术

20 世纪 20 年代,美国发明家约翰·科芒德通过研究邮政信件的自动分拣技术,在信封上做上条形码标记,用于表示收信人地址。他用一条线表示1,两条线表示2,由此出现了最初的条形码识别技术。条形码由一组条、空和数字符号组成,并将它们按照一定的编码规则排列,表示一定的字母、数字和符号等信息,常见的条形码有一维条形码和二维条形码(简称二维码)。由于白色物体能反射各种波长的可见光,黑色物体则吸收可见光,因此当条形码识别设备发出的光照射到黑白相间的条形码上时,根据反射的光,该设备可以将反射信号转换成电子脉冲,并将电子脉冲经过译码接口译成数字字符信息,传给后台进行识别。

常见的一维条形码是由黑条和白条排成平行线的图案,其示例如图7-2所示。

图7-2 一维条形码示例

常见的二维码由按一定规则在平面上分布的黑白相间的图形组成,其示例("信通社区"二维码)如图7-3所示。

图7-3 二维码示例

条形码的编码方法称为码制,一维条形码使用频率较高的码制包括Code25码、Code39码、Code93码、Code128码、EAN-8码、EAN-13码、ITF25码、库德巴码、UPC-A码、UPC-E码等。一维条形码的组成主要有以下6个部分。

- 左右空白区:作为扫描器的识别准备。
- 起始符:扫描器开始识别的部分。
- 数据区:保存数据的部分。
- 校验符:用于判断识别信息是否正确。
- 终止符:结束标识。

- 供人工识别字符：当一维条形码黑白相间的图形不能被条形码识别设备识别时，人们可以手工输入其下的数字（如图 7-2 中的数字）。

一维条形码一般在水平方向上表示信息，它的优点是编码规则简单，识别设备成本低；缺点是容量小，一般只能表示字母和数字。

二维码是在一维条形码的基础上扩展出来的一种具有可读性的条形码。它上面的不同几何图形代表相应的二进制数据，条形码识别设备通过识别这些几何图形并将其转换成相应的二进制数据，获取其中包含的信息。和一维条形码相比，二维码能表示更复杂的数据。

二维码的码制中，常用的有 PDF417、Data Matrix、Maxi Code、QR Code、Code 49、Code 16K 等。不同码制的二维码示例如图 7-4 所示。

图 7-4　不同码制的二维码示例

二维码在平面上表示信息，相对一维条形码，其优点是密度高、信息容量大、范围广、容错能力强。目前二维码应用广泛，如手机可以扫描二维码获取信息。

7.3.3　RFID 技术

RFID 技术利用无线射频信号及其空间耦合传输特征，实现对静止或移动的物品自动识别，是目前应用最广泛的自动识别技术，已应用于制造、物流、交通、销售、医疗、军事等重要领域。

RFID 的基本原理是利用射频信号交变电磁场的电磁感应或电磁传播方式，自动传输标签芯片存储的信息，从而对目标进行自动识别，如图 7-5 所示。

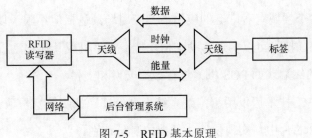

图 7-5 RFID 基本原理

其中，读写器产生的射频载波为电子标签提供能量；读写器和标签之间的信息交互通常采用询问-应答的方式进行，能够实现双向数据传输。

RFID 具有以下的优势。

- 非接触识别：可以在恶劣环境或被覆盖的情况下，通过穿透纸张、木材和塑料等材质进行识别。
- 识别速度快：一般情况下，100 ms 内就能识别成功，并且可以同时辨识多个 RFID 标签。
- 携带信息量大：一维条形码的容量是 50 B，二维码可以存储 2～3000 字符，RFID 标签则可以存储数兆字节的数据，并且能够实现重复执行增删改查操作。
- 形状大小多元化：RFID 技术在读取上不受被读取对象尺寸大小与形状的限制。

许多高速公路上的 ETC 系统在车道上安装了射频读写器，当装有电子标签的车辆经过时，该读写器会发出无线电波，从而触发电子标签返回车辆资料。车辆信息被传输到车道后台系统，由后台系统对车辆进行检定、扣费、放行等操作。

7.3.4 NFC 技术

近场通信（near field communication，NFC），是一种在短距离内（通常小于 10 cm）让电子设备之间进行数据交换的无线技术，是由 RFID 及互联互通技术整合演变而来的一种短距离无线通信技术。它利用电磁感应原理，在单一芯片上集成感应式读卡器、感应式卡片和点对点通信的功能，实现设备间的数据交换。

NFC 有 3 种主要的工作模式：被动通信模式、主动通信模式和应答机模式。在被动通信模式下，一个设备作为读卡器提供射频场；另一个设备作为模拟卡，从射频场中获取能量进行应答。主动通信模式则允许两个设备都主动发送数据。应答机模式主要用于设备间的双向通信。

NFC 技术在多个领域有着广泛的应用，其应用场景包括但不限于以下几个方面。

移动支付：NFC 技术可以实现移动支付功能，将手机或其他移动设备作为支付工具，实现与支持 NFC 的终端（如 POS 机）进行数据交换和支付。

身份认证：NFC 技术可以用于门禁系统、身份证、护照等身份认证场景，通过将身份信息存储在 NFC 芯片中，实现快速、便捷的身份识别。

智能标签：NFC 技术可以应用于物品标识、库存管理、物流追踪等场景，通过扫描或读取智能标签上的信息，实现对物品的追踪和管理。

物联网连接：NFC 技术可以实现物联网设备之间的连接和交互，用于智能家居、智能车载系统等场景。通过 NFC 技术，设备之间可以方便地实现数据传输和控制。

图 7-6 从内部应用和外部应用的角度展示了一些 NFC 的具体应用。

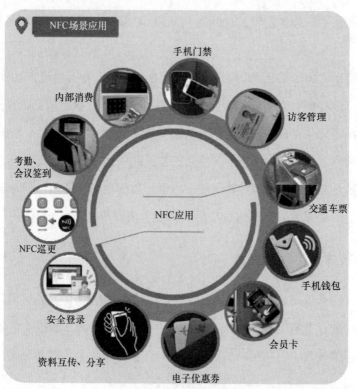

图 7-6　NFC 的具体应用

随着技术的不断进步和市场的不断成熟，特别是在物联网、智能穿戴设备等领域，基于 NFC 技术的无线供电和数据传输功能将发挥重要作用。同时，随着手机生态建设的不断完善和消费者对 NFC 技术认知度的提高，NFC 支付也将迎来爆发式增长。未来，NFC

技术将在移动支付、身份认证、物联网连接等领域发挥更加重要的作用，为人们的生活带来更多便利。

7.4 实验：安装 Keil

7.4.1 文件下载

复制以下链接（内部网址）到浏览器，下载安装 Keil 所需的文件。读者也可以从本书配套资源中获取这些文件。

http://10.90.3.2/LMS/AIOT/software/ARMCompiler_506_Windows_x86_b960.zip

http://10.90.3.2/LMS/AIOT/software/GD32F4xx_AddOn_V3.2.0.7z

http://10.90.3.2/LMS/AIOT/software/keygen.zip

http://10.90.3.2/LMS/AIOT/software/MDK539.exe

http://10.90.3.2/LMS/AIOT/Intro/2.1/U1-E1.zip

7.4.2 IDE 安装

IDE 的安装步骤如下。

步骤 1：安装图 7-7 所示的软件 MDK539。如果计算机 C 盘的空间足够大，那么这里选择默认路径即可。如果读者要自定义安装路径，那么路径中不要有中文字符。安装完成后注册信息任意填写即可。

图 7-7　安装 MDK539 软件

步骤 2：安装完成后弹出图 7-8 所示的在线下载界面，此界面可在线下载相关芯片包，但下载速度非常慢。由于本实验之后会进行芯片包的线下安装，因此这里直接关闭该界面即可。

步骤 3：打开 Keil，选择"Edit"选项，在弹出的界面上单击最后一个选项"Configuration…"，进入设置界面。在设置界面将"Encode in ANSI"选项改为"Chinese GB2312(Simplified)"。这里按提示操作即可,故不展示相关界面。

步骤4:安装芯片包。

① 解压缩 GD32F4xx_AddOn_V3.2.0.7z 后得到芯片包文件,如图 7-8 所示,直接双击其中的.pack 文件安装即可。

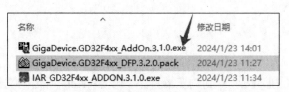

图 7-8　解压缩芯片包文件

② 查看芯片包是否安装成功。解压缩 U1-E1.zip,在 Keil 中依次单击"File"→"Open",打开 U1+E1\demo\Project\KEIL_Project\U1+E1-GD32450Z.uvprojx。

③ 在工程魔术棒芯片配置处可查看是否安装成功,如果安装成功,则能看到芯片型号。具体操作如图 7-9 所示,可以看到矩形标注的芯片型号,这表示安装成功。

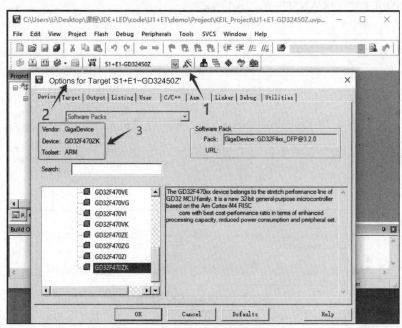

图 7-9　查看芯片包是否安装成功

步骤5:如果缺少 V5 编译器(如图 7-10 所示),则需要进行安装和配置。V5 编译器安装过程具体如下。

| 项目七 自动识别技术

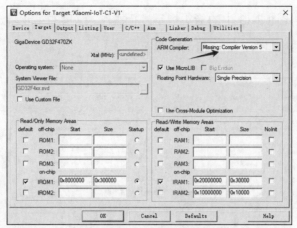

图 7-10　缺少 V5 编译器安装过程

① 在 Keil 的安装目录的 ARM 文件夹中创建 ARMv506 文件夹，如图 7-11 所示。

图 7-11　创建 ARMv506 文件夹

② 解压缩 ARMCompiler_506_Windows_x86_b960.zip，进入 ARMCompiler_506_Windows_x86_b960\Installer，双击 setup.exe 进行安装。执行到选择安装路径时，选择刚才创建的目录，如图 7-12 所示。

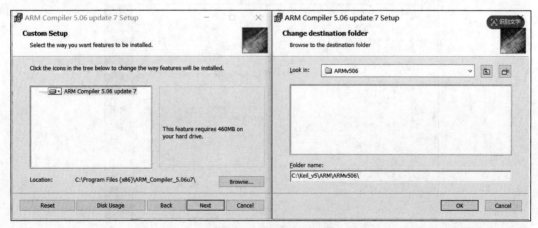

图 7-12　选择安装路径

③打开 Keil，按照图 7-13 中的箭头指示进行操作。这里的第 4 步选择 ARMv506 文件夹，添加刚安装好的编辑器，完成后关闭界面。

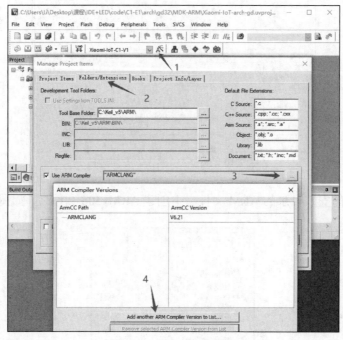

图 7-13　添加 V5 编译器

④在图 7-14 所示界面单击魔术棒，查看编译器，这里可看到"V5.06 update 7（build 960）"选项，选择即可。

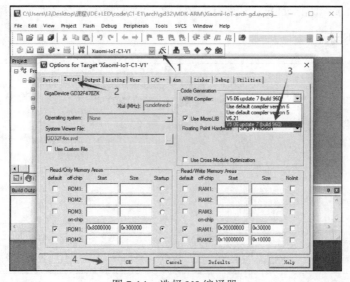

图 7-14　选择 V5 编译器

7.4.3 环境验证

这里使用项目三中的小米实训箱,验证 Keil 环境是否部署成功。使用的子板为 U1 和 E1,若 LED 循环闪烁,则表示环境部署成功。

1. 验软硬件环境

软件环境:Keil。

硬件环境:母板及其配套数据线、U1 子板一个、E1 子板一个。

子板 U1 和 E1 的堆叠方式如图 7-15 所示。

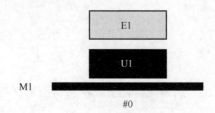

图 7-15 子板 U1+E1 的堆叠方式

2. 实验过程

(1) 搭建环境

按照图 7-15 所示方式搭好硬件环境,将 GD-LINK 调试器的 USB 端连接到计算机,Micro-USB 端插入母板#0 位置上方的 Micro-USB 端口中,如图 7-16 所示。之后,长按母板电源键给系统上电。

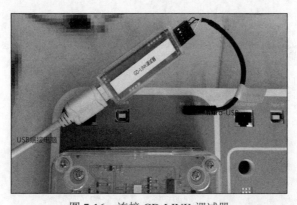

图 7-16 连接 GD-LINK 调试器

(2) 读取工程文件

打开 Keil 软件,在软件中打开 U1-E1 工程文件(U1+E1\demo\Project\ KEIL_ Project\

U1+E1-GD32450Z.uvprojx)。之后，按快捷键"F7"或者单击"build"按钮来编译工程，再按快捷键"F8"或者单击"load"按钮下载程序到硬件上。此时能看到 E1 上的 LED 以 1 s 为周期循环闪烁。

（3）结束调试

单击 Flash 菜单的"Erase"按钮，擦除相关数据（擦除后 LED 可能常亮，为正常现象），并长按母板电源键关闭系统，拆除 GD-LINK 调试器的连接。之后，取下子板。

7.5 实验：用小米实训箱实现 NFC 读写功能

7.5.1 文件下载

复制以下链接（内部网址）到浏览器，下载本实验所需文件。读者也可以从本书配套资源中获取所需文件。

http://10.90.3.2/LMS/AIOT/Intro/2.2/U1-S5-E1-read.zip

http://10.90.3.2/LMS/AIOT/Intro/2.2/U1-S5-E1-write.zip

7.5.2 环境准备

1. 实验软硬件环境

软件环境：Keil。

硬件环境：小米实训箱母板及其配套数据线、U1 子板 1 个、S5 子板 1 个、E1 子板 1 个、NFC 卡 1 张。

实验子板的堆叠方式如图 7-17 所示。

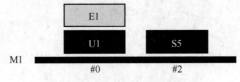

图 7-17　实验子板的堆叠方式

NFC 卡放置方式示意如图 7-18 所示。

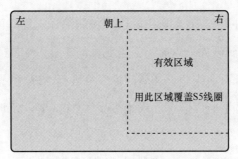

图 7-18　NFC 卡放置方式示意

2. 搭建环境

按照图 7-17 所示方式搭好硬件环境，按图 7-16 所示方式将 GD-LINK 调试器的 USB 端连接到计算机，将 Micro-USB 端插入母板#0 位置上方的 Micro-USB 端口中。之后，长按母板电源键给系统上电。

7.5.3　实验过程

1. NFC 写入

NFC 写入功能的实现步骤如下。

步骤 1：解压缩 U1-S5-E1-write.zip，打开 Keil 软件，在软件中打开 U1-S5-E1-write 工程文件 U1-S5-E1-write\demo\Project\KEIL_Project\U1+S5+E1-GD32470Z.uvprojx。

步骤 2：修改写入内容。依次单击"View"→"Project Window"打开 Project 界面，然后单击"Application"→"main.c"，在矩形标注部分修改数值为当前时间，如图 7-19 所示。例如，当前为 9:31，则矩形中的内容修改为{0,9,3,1}。

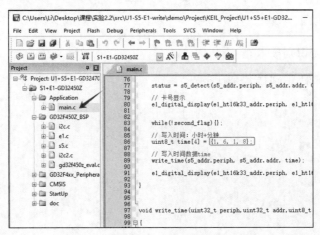

图 7-19　修改时间

步骤 3：按快捷键"F7"或者单击"build"按钮编译工程，再按快捷键"F8"或者单击"load"按钮下载程序到硬件。这时可以看到数码管显示 NFC 卡信息（这个过程较快，注意观察），表示 NFC 卡识别成功。之后，程序将进行 NFC 数据写入，数码管归零时为写操作结束。若始终未显示卡片信息，或始终显示"0000"，请调整卡片位置，并从步骤 1 开始执行。

步骤 4：单击 Flash 菜单的"Erase"擦除数据（擦除后 LED 可能常亮，为正常现象）。

2. NFC 读取

NFC 读取功能的实现步骤如下。

步骤 1：解压缩 U1-S5-E1-read.zip，打开 Keil 软件，在软件中打开 U1-S5-E1-read 工程文件 U1-S5-E1-read\demo\Project\KEIL_Project\U1+S5+E1-GD32470Z.uvprojx。

步骤 2：按快捷键"F7"或者单击"build"按钮编译工程，再按快捷键"F8"或者单击"load"按钮下载程序到硬件。这时可以看到数码管显示卡片信息（这个过程较快，注意观察），表示 NFC 卡识别成功。之后程序将进行 NFC 数据读取，数码管显示上一步写入的时间信息即读取成功。若能够看到卡片信息，但之后变为显示"0000"则读取失败，请重新执行 NFC 写入步骤；若始终显示"0000"，则可能未识别到卡片，请调整卡片位置，并从步骤 1 开始执行。

步骤 3：单击 Flash 菜单的"Erase"按钮擦除数据（擦除后 LED 可能常亮，为正常现象），然后长按母板电源键关闭系统，拆除 GD-LINK 调试器。之后取下子板。

习　题

1．什么是自动识别技术？
2．常见的条形码识别技术是什么？

项目八 智能制造中的制造执行系统（MES）

制造执行系统（manufacturing execution system，MES）与物联网之间的关系密不可分。MES 是对工厂车间生产过程进行实时监控和管理的软件系统，而物联网则通过连接设备和数据提升生产效率。MES 能够管理生产计划、进行质量控制等，物联网则通过数据采集、设备监控等手段为 MES 提供实时数据支持。两者结合，可以实现智能制造，对生产过程进行全面、实时的管理和优化，提高生产效率和产品质量。此外，随着技术的不断发展，MES 和物联网的结合将更加智能化、集成化，为企业的生产管理提供更加全面、先进的解决方案。

8.1 项目要求

（1）了解 MES 的不同模块。
（2）完成 MES 的管理操作。

8.2 学习目标

☑ 技能目标
（1）理解 MES 的基本概念。
（2）熟悉 MES 的核心模块。
（3）掌握 MES 的管理功能。

☑ 思政目标
（1）培养精益求精、追求卓越的工匠精神，要在智能制造领域不断追求卓越。
（2）培养质量意识，深刻体会"质量是企业生存和发展的生命线"的重要含义。

（3）培养时刻关注智能制造技术发展和应用的意识，能够为制造业的转型升级贡献力量。

☑ 素养目标

（1）掌握 MES 系统核心模块和功能的要义，熟练使用 MES 系统进行生产管理和决策支持。

（2）培养数据分析与决策能力，能够根据数据优化生产流程和提高生产效率。

（3）培养跨学科整合能力，能够综合运用不同领域的知识解决复杂问题。

8.3 相关知识

8.3.1 MES 概述

MES 是指基于信息技术的一套面向制造企业车间执行层的生产信息化管理系统，能够对生产过程中的人员、设备、物料、工艺、质量等要素进行全面的管控和协调。它在智能制造中扮演着至关重要的角色。

8.3.2 MES 核心模块

MES 的核心模块具体如下。

生产计划排程：根据订单需求、设备产能、物料供应等因素，制订合理的生产计划，并能动态调整以应对各种变化。

生产过程监控：实时监控生产过程的各个环节，其中包括设备状态、生产进度、人员操作等，确保生产按计划进行。

质量管理：实时监测产品质量参数，对不合格品进行追溯和处理，提高产品质量的稳定性和一致性。

设备管理：对生产设备进行维护和管理，确保设备处于良好状态，减少故障停机时间。

物料管理：对生产过程中的物料进行追踪和管理，确保物料能及时供应，减少库存积压。

人员管理：对生产人员进行排班和调度，确保人力资源的合理利用。

数据采集与分析：实时采集生产现场的数据，并对数据进行处理和分析，为企业提供准确、及时的生产信息。

8.3.3 MES 的价值

MES 在智能制造中的重要性体现在以下几方面。

- 提高生产效率：通过优化生产流程、减少等待时间和浪费、提高设备利用率和生产人员工作效率，MES 能够显著提高生产效率。
- 保证产品质量：实时的质量监控和追溯功能，MES 能够及时发现质量问题，并提醒相关人员采取措施加以解决，从而降低次品率，提高产品质量的一致性和可靠性。
- 实现生产过程的可视化：企业管理层可以通过 MES 直观地了解生产现场的情况，其中包括生产进度、设备状态、质量数据等，从而做出更加科学的决策。
- 加强供应链协同：MES 能够与企业的企业资源计划（enterprise resource planning，ERP）系统和供应商的管理系统进行集成，实现供应链的协同，确保物料的及时供应和生产的顺利进行。

随着信息技术的不断发展，MES 将更加智能化、集成化和云化。在智能化方面，MES 将利用人工智能技术进行预测性维护、智能排程等。在集成化方面，MES 将与更多的系统进行深度集成，实现企业内外部数据的无缝流通和协同。在云化方面，MES 将基于云计算，为企业提供更加灵活、便捷和低成本的解决方案。

综上所述，MES 是制造业数字化转型的关键支撑系统，对于提高企业的竞争力和实现可持续发展具有重要意义。

8.4 实验：MES 实现仓储管理

物资的库存量对工厂产品生产具有重大影响。MES（下称系统）提供完整的仓储管理功能，以满足工厂中各个业务环节涉及的物资出入库及库存跟踪需求。

仓储管理涉及的业务在处理流程上分为两个阶段：单据起草和执行入库。单据起草负责生成对应的业务单据，同时可与工作流绑定，实现业务单据的多级审批。起草完成或审批通过的单据可执行入库。在执行入库时，系统会生成相应的库存操作记录，并更新库存量（在部分场景下需要实时地将出入库记录传递给 ERP 系统或仓库管理系统（warehouse management system，WMS）。此外，系统设置了一个默认的"线边库"，用于统计整个工厂在制物资的库存情况。仓储管理流程如图 8-1 所示。

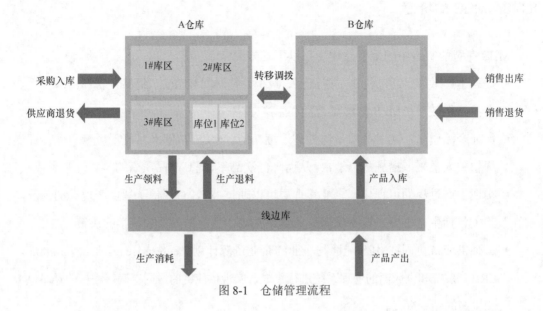

图 8-1　仓储管理流程

8.4.1　系统登录

下面以生产执行管理系统为例，介绍系统登录相关内容。系统启动后，在浏览器输入对应的 IP 地址和端口（本地默认为 localhost:80），打开登录界面，如图 8-2 所示。

图 8-2　登录界面

输入用户名、密码和对应的验证码，单击"登录"按钮即可进入系统。系统主页如图 8-3 所示。

项目八　智能制造中的制造执行系统（MES）

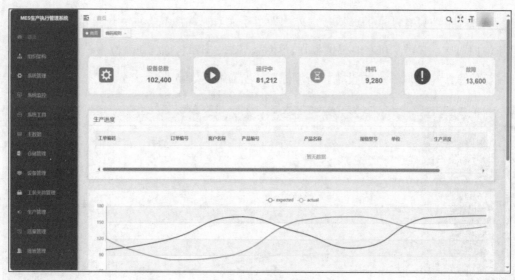

图 8-3　系统主页

图 8-3 所示界面为管理员权限下的主页。在不同权限的用户视图下，主页会有一些不同。以下内容大多是在普通用户视图下操作的，其中的编码规则界面需要管理员权限才能看到。

8.4.2　仓库设置

依次单击菜单栏"仓储管理"→"仓库设置"选项，进入仓库信息维护功能界面，如图 8-4 所示。

图 8-4　仓库信息维护功能界面

· 139 ·

目前，系统只有默认的虚拟线边库。为了完成原料和成品存储，这里单击"新增"按钮新增原料库，其中，仓库编码选择自动生成，输入仓库名称、仓库位置、面积、负责人、备注等信息，完成原料库的设置。新增原料库界面如图8-5所示。

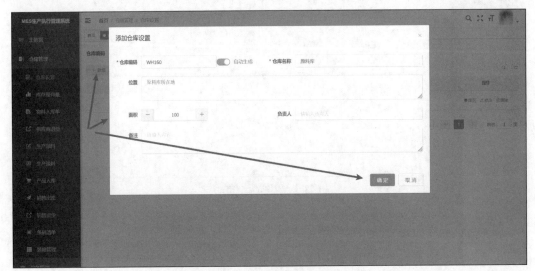

图8-5 新增原料库界面

再次单击"新增"按钮新增成品库，同样地，仓库编码选择自动生成，输入仓库名称、仓库位置、面积、负责人、备注等信息，完成成品库的设置。新增成品库如图8-6所示。

图8-6 新增成品库界面

默认的线边库面积为-1，现在修改线边库的面积信息。单击线边库一行对应的"修改"

按钮，修改面积值为 50，如图 8-7 所示。

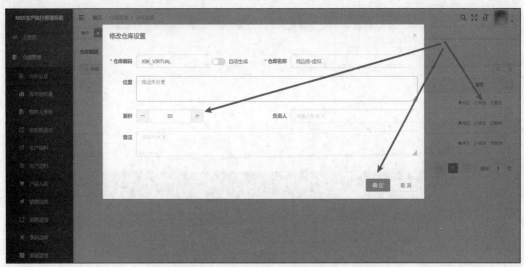

图 8-7　修改线边库面积信息

此时的仓库信息如图 8-8 所示。

图 8-8　仓库信息

系统默认需要用户根据工厂的实际仓库情况，配置三级的仓库信息：仓库、库区、库位。如果工厂在管理过程中并未区分库区，则库位为每个仓库配置一个默认的库区。

单击操作列的"库区"即可进入对应的配置页面。这里单击原料库的"库区"，原料库中默认没有存在的库区。我们单击"新增"按钮新增库区，库区编码选择自动生成，输入库区名称、面积、备注等信息，并单击"确定"按钮。如图 8-9 所示。之后返回库区信息界面,如图 8-10 所示。

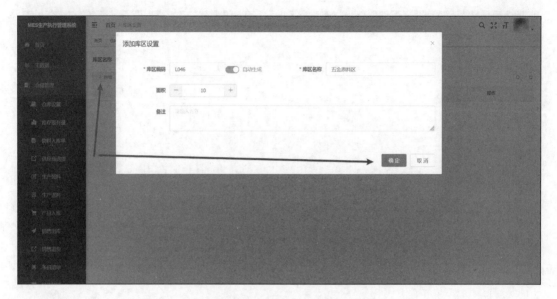

图 8-9　给原料库添加库区

图 8-10　库区信息界面

单击图 8-10 中的操作列的"库位"即可进入对应的配置页面。新创建的库区是没有默认的库位的。单击"新增"按钮可以配置新的库位。对于立体货架,可设置库位的 x、y、z 标识。同样地,库区编码选择自动生成,输入库位名称、面积、最大载重量、是否启用,以及库位的 x、y、z 标识和备注等信息,如图 8-11 所示。

项目八 智能制造中的制造执行系统（MES）

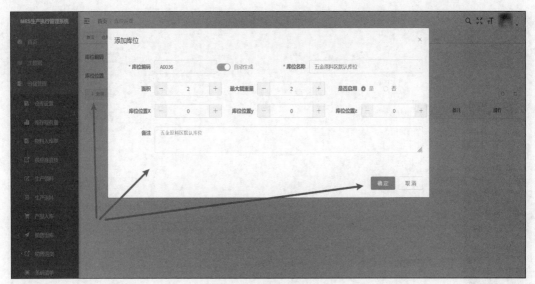

图 8-11 配置新的库位

库位新增后的库位列表如图 8-12 所示，可以看到立体货架的 x、y、z 标识。

图 8-12 库位列表

仓库编号、库区编号、库位编号等的自动生成功能需要提前进行设置。选择"系统管理"→"编码规则功能"，在编码规则界面分别配置规则编号为 WAREHOUSE-CODE（仓库编号）、LOCATION-CODE（库区编号）、AREA_CODE（库位编号）的编码规则。编码规则界面如图 8-13 所示，该界面需要在管理员用户视图才能看到。

图 8-13　编码规则界面

8.4.3　物料入库

单击"菜单栏仓储管理"→"物料入库单",进入物料入库单功能页面,如图 8-14 所示。

图 8-14　物料入库单功能页面

原材料采购新增入库时,起草的入库单为头行结构。选择"新增",头部需要指定入库单编号、入库单名称、入库日期、供应商等信息,如图8-15所示。

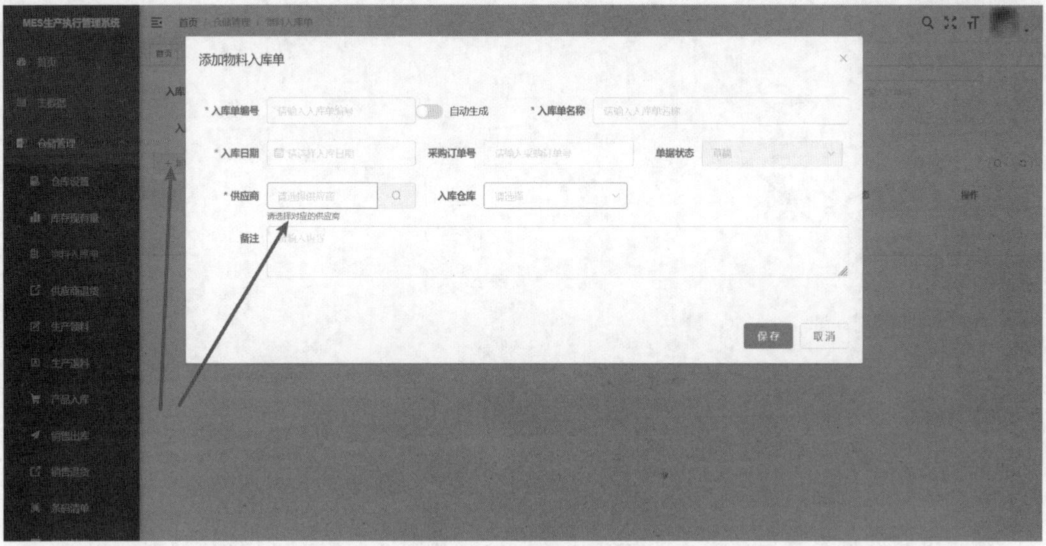

图8-15 采购新增入库

因为供应商是必选项,所以先进入"主数据"→"供应商管理"中,添加一个供应商信息。供应商编码选择自动生成,输入供应商名称、供应商简称、是否启用、备注等信息,如图8-16所示。

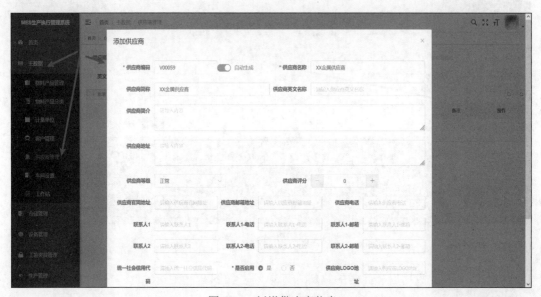

图8-16 新增供应商信息

此时的供应商管理列表如图8-17所示。可以看出,供应商的添加已经完成。

图 8-17　供应商管理列表

有了供应商信息，再次单击"仓储管理"→"物料入库单"，新增物料入库单，填写物料入库信息。入库单编号选择自动生成，输入入库单名称、入库日期、供应商、入库仓库和备注等信息，如图 8-18 所示。

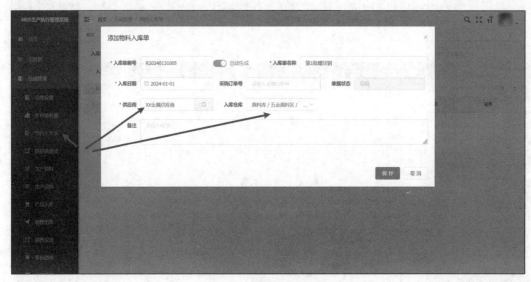

图 8-18　新增物料入库单

头部信息保存成功后，此时的物料入库单列表如图 8-19 所示。

单击"修改"可继续添加行信息，用于指定此次入库的具体物料信息，这里需要选择库的物料、入库数量、入库仓库。修改物料入库单界面如图 8-20 所示。

项目八 智能制造中的制造执行系统（MES）

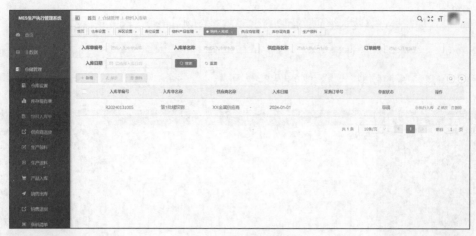

图 8-19 物料入库单列表

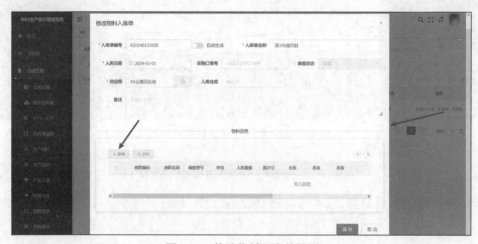

图 8-20 修改物料入库单界面

选择"新增"，这时会弹出"添加物料入库单行"界面，如图 8-21 所示。

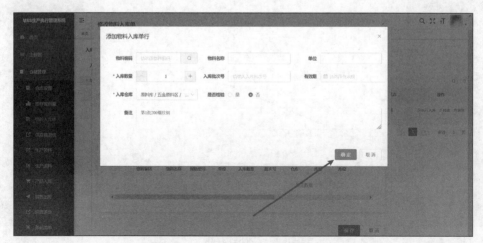

图 8-21 "添加物料入库单行"界面

此时会发现需要选择物料编码，而物料编码需要有物料单位，因此依次选择"主数据"→"计量单位"，新增物料的计量单位，设置单位编码、单位名称、是否是主单位、是否启用和备注等信息，新增物料计量单位如图8-22所示。

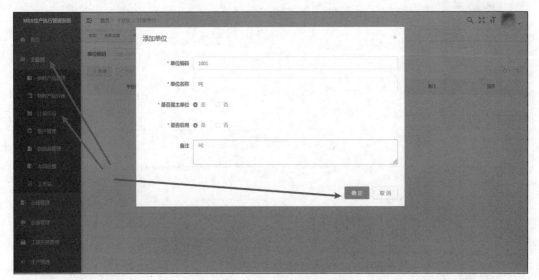

图8-22　新增物料计量单位

选择"主数据"→"物料产品管理"，新增物料的产品信息。物料编码选择自动生成，输入物料名称、规格型号、单位、物料产品分类、是否启用和备注等信息，如图8-23所示。

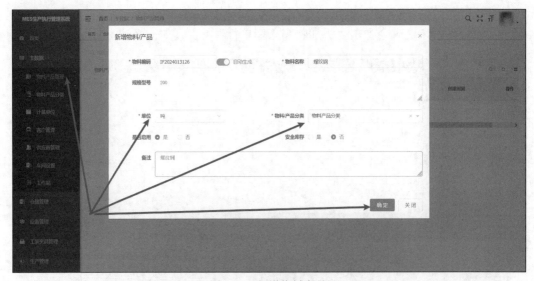

图8-23　新增物料产品

单击"确定",返回物料产品列表页。这时可以看到物料产品已经被添加,物料产品列表如图 8-24 所示。

图 8-24 物料产品列表

依次单击"仓库管理"→"物料入库单"→"修改"→"新增",选择上面添加的物料编码后,物料名称和单位自动填充,输入入库数量、入库仓库、是否检验和备注等信息。添加物料入库单行如图 8-25 所示。

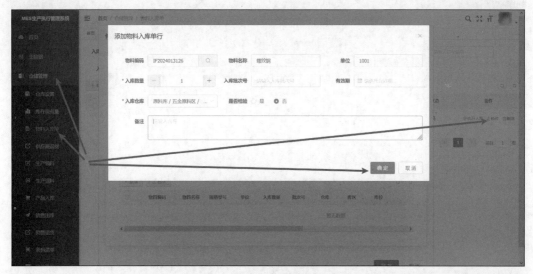

图 8-25 添加物料入库单行

单击"确定",物料入库单行出现在物料信息中,此时的物料入库单如图 8-26 所示。

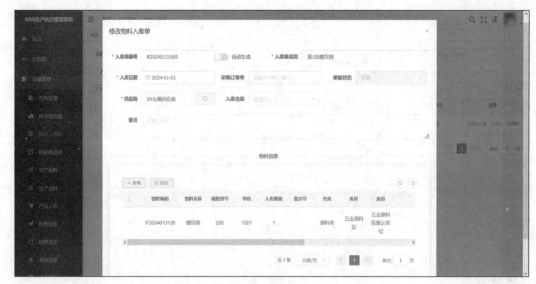

图 8-26　物料入库单

在图 8-26 所示界面拖动滚动条，便可以看到"保存"按钮。单击"保存"按钮后，在列表界面的操作列单击"执行入库"，进行实际的入库操作。执行成功后，单据状态将更改为"已完成"，系统自动增加指定仓库指定物料的库存量。执行入库如图 8-27 所示。

图 8-27　执行入库

此时单击"仓库管理"→"库存现有量"，库存现有量中体现刚才执行入库的物料，库存现有量展示界面如图 8-28 所示。

项目八 智能制造中的制造执行系统（MES）

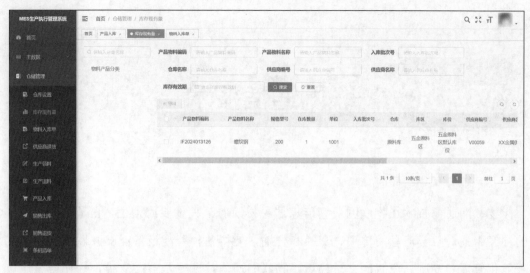

图 8-28 库存现有量展示界面

采购入库单编号的自动生成功能需要提前在"系统管理"→"编码规则功能"中进行设置。这里配置的编号规则为 ITEMRECPT_CODE。

习　题

1. 什么是 MES？
2. MES 的核心模块有哪些？

项目九 物联网通信技术

物联网通信技术在物联网及智能家居中扮演着至关重要的角色。它是物联网系统的神经中枢,负责信息的传递、交换和传输,使得各种智能设备能够互联互通,实现智能化管理和控制。在智能家居领域,物联网通信技术更是核心支撑,它使得家居设备能够实时监测环境变化、自动调整工作状态,并通过手机 APP、智能语音助手等方式实现远程控制。此外,物联网通信技术还支持设备间的自动联动,提高了家居生活的便捷性和舒适度。随着 5G、AI 等技术的不断发展,物联网通信技术将更加高效、智能,为智能家居行业提供更加广阔的应用前景和创新空间,推动智能家居产品的创新和应用拓展。

9.1 项目要求

(1)熟悉物联网主流的通信技术。
(2)了解米家云平台接入过程。

9.2 学习目标

☑ 技能目标

(1)理解物联网通信技术的基本概念。
(2)掌握物联网通信技术的关键技术和标准。
(3)熟悉物联网通信的相关标准和协议。
(4)了解物联网通信技术的发展历程与趋势。
(5)掌握物联网通信系统的设计与实现。

☑ 思政目标

（1）物联网通信技术是全球性的技术，通过学习物联网通信技术，培养读者的全球视野和国际化意识。

（2）物联网通信技术发展迅速，鼓励读者关注最新技术动态，培养他们的创新意识和创新能力。

（3）物联网通信技术的核心在于信息的互联互通和共享，培养读者的信息共享与合作精神，促进团队协作和共同发展。

☑ 素养目标

（1）掌握物联网通信技术的基本原理和应用方法。

（2）培养网络规划与设计能力，能够根据实际需求设计和优化物联网通信网络。

（3）锻炼持续学习的能力，以在不断变化的技术环境中保持竞争力。

9.3 相关知识

9.3.1 物联网通信技术概述

物联网通信技术是指利用无线通信、传感器技术、云计算等手段，将各种智能设备、传感器等物理对象连接到互联网，实现设备之间、人与设备之间的互联互通的技术。通信技术作为物联网的基础和关键技术之一，对于推动物联网的发展和应用具有重要意义。

物联网通信技术通过网络将各种物理设备连接起来，并实现数据交换和互相通信。它涉及无线传感器网络和数据传输协议。无线传感器网络由大量分布在空间中的无线传感器节点组成，这些节点能够感知和收集环境中的各种数据，并通过无线通信协议实现通信，将收集到的数据传输到网络的其他节点或数据中心。数据传输协议负责实现数据的有效传输，常见的协议包括 MQTT、CoAP、HTTP 等。

9.3.2 常见的物联网通信技术

常见的物联网通信技术有 LoRa、NB-IoT、ZigBee、Wi-Fi。

1. LoRa

长距离无线电（long range radio，LoRa）是由美国 Semtech 公司开发的一种基于扩频技术的无线通信协议，主要用于实现长距离、低功耗的物联网通信，采用基于啁啾扩频（chirp spread spectrum，CSS）调制方式。

CSS 调制方式通过改变无线信号的调制方式和参数，将信息数据转化为一种特殊的信号，通过 LoRa 调制芯片进行调制，实现长距离、低功耗、低数据速率的通信。LoRa 技术的基本流程包括调制、解调、编码和解码。

LoRaWAN 是一种在 LoRa 技术基础上实现的完整网络协议，提供节点之间的有效通信方式。LoRaWAN 的安全机制包括加密算法（如 AES-128）、身份验证和密钥管理、数据的完整性与隐私保护，以及网络分区和节点安全等，旨在确保通信的安全性和可靠性。

2. NB-IoT

窄带物联网（narrow band Internet of things，NB-IoT）是一种低功耗广域网（low power wide area network，LPWAN）技术标准，专为物联网应用而设计。

NB-IoT 是一种基于蜂窝网络的窄带物联网技术，由第三代合作伙伴计划（3GPP）标准化，旨在为物联网设备提供低功耗、广覆盖、大连接的通信能力。它是长期演进（long term erolution，LTE）技术的简化版，通过对现有 LTE 网络进行改造和优化，以适应物联网设备的需求，具有以下特点。

- 低功耗。NB-IoT 设备通过采用省电模式（power saving mode，PSM）和扩展不连续接收（extended discontinuous reception，eDRX）模式等技术，能够极大降低功耗，延长电池寿命。在 PSM 模式下，设备大部分时间处于休眠状态，仅在需要时才唤醒进行数据传输。
- 广覆盖。NB-IoT 技术具有强大的无线覆盖能力，相比传统 GSM 网络，其基站覆盖能力提升了 10 倍左右。这意味着在相同面积下，部署 NB-IoT 基站的数量更少，成本更低。
- 大连接：每个 NB-IoT 基站可以支持大量的设备接入，每个小区可支持 5 万级别的用户规模，这使得 NB-IoT 技术能够满足智慧城市、智能农业等大规模物联网应用场景的需求。
- 低成本：NB-IoT 设备的基带复杂度低，只使用单天线，采用半双工方式，射频模块成本低。同时，NB-IoT 核心网与 4G 核心网可以融合部署，降低了建设成本。
- 低速率：NB-IoT 技术的数据传输速率较低，上行理论峰值速率为 15.6 kbit/s，下行理论峰值速率为 21.25 kbit/s。这虽然限制了其传输大量数据的能力，但完全满足物联网设备小数据量、低频次传输的需求。

3. ZigBee

ZigBee 是一种广泛应用于物联网领域的短距离、低功耗、低速率、低成本的无线通信技术。ZigBee 名称的灵感来源于蜜蜂通过 Z 字形飞行来通知同伴食物源位置的交流方式，寓意着 ZigBee 能够像蜜蜂一样在设备间高效、可靠地传递信息。该技术具有以下的特点。

- 低功耗：ZigBee 设备在低功耗待机状态下，使用两节 5 号干电池可以支持长达 2 年的工作时长。这是由于其传输速率低、发射功率小以及采用了休眠模式等因素共同作用的结果。
- 低速率：ZigBee 的数据传输速率范围为 20~250 kbit/s，满足低速率数据传输的应用需求。虽然速率不高，但足以应对智能家居、工业自动化等领域的数据传输要求。
- 低复杂度：ZigBee 协议栈相对简单，降低了对通信处理器的要求，使得设备成本更低，开发难度也相应降低。
- 低成本：ZigBee 模块的初始成本较低，且 ZigBee 协议免收专利费，这进一步降低了设备的整体成本。
- 近距离：ZigBee 的有效传输范围一般为 10~100 m，但在增加发射功率或通过路由和节点间通信的接力后，传输距离可以增加到几百米甚至几千米。
- 高容量：ZigBee 网络支持大量设备连接，一个星形结构的 ZigBee 网络最多可以容纳 254 个从设备和一个主设备，一个区域内可以同时存在最多 100 个 ZigBee 网络。
- 高可靠性：ZigBee 采用了碰撞避免策略，并为需要固定带宽的通信业务预留了专用时隙，确保了数据传输的可靠性。
- 高安全性：ZigBee 提供基于循环冗余校验（cyclic redundancy check，CRC）的数据包完整性检查功能，支持鉴权和认证，并采用 AES-128 加密算法，确保数据传输的安全性。

ZigBee 协议栈自上而下由应用层、应用汇聚层、网络层、数据链路层和物理层组成。每一层都承担着特定的功能和服务，共同支持 ZigBee 设备的无线数据传输。基于它的这些特点，ZigBee 在智能家居、智能物联网、无线传感器网络、医疗健康、农业物联网、工业自动化等方面有着广泛应用。

4. Wi-Fi

Wi-Fi 全称为 wireless fidelity，是一种基于 IEEE 802.11 标准的无线局域网技术。它允许电子设备（如智能手机、平板计算机、笔记本计算机等）在没有物理连线的情况下接入互联网或局域网。

目前，Wi-Fi 的安全性协议有以下几种。

- 有线等效保密（wired equivalent privacy，WEP）协议：无线网络最早使用的加密技术，但已被认为是不安全的，现已退役。
- Wi-Fi 保护接入（Wi-Fi protected access，WPA）：作为 WEP 的替代协议，提供更强的数据加密和用户认证功能。
- WPA2：进一步增强了 WPA 的安全性，成为当前广泛使用的无线加密标准。
- WPA3：是 WPA2 的继任者，提供更强的加密和认证机制，以应对日益复杂的网络安全威胁。

Wi-Fi 广泛应用于智能家居、个人健康监测等领域。作为常见的局域网通信技术，它也在物联网中有广泛应用，其传输速度快但功耗较高。

随着技术的不断发展，物联网通信技术呈现出以下发展趋势。

- 5G 与物联网融合：5G 技术的引入将大幅提升物联网的传输速度和覆盖范围。
- AI 能力增强：AI 技术将与物联网通信技术深度融合，提升数据处理和分析能力。
- 卫星互联网与地面网融合：三者的融合将实现天地一体化网络覆盖。

同时，物联网通信技术也面临一些挑战，如安全性问题、互操作性问题，以及大数据处理挑战等。这些需要不断创新的技术和更加完善的标准体系。

9.4 实验：实现 Modbus 网络

9.4.1 实验需求

使用 Modbus 协议组建的物联网通信网络（称之为 Modbus 网络）包括发送信息的主机设备（如计算机、工控机、PLC 等控制设备）、接收信息的从机设备，以及连接主机与从机设备的通信介质。Modbus 协议支持多种电气接口（如 RS-232、RS-485），且可支持在多种介质上传输数据,如双绞线、光纤、红外线、无线电波等。

本实验使用软件仿真的方式组建 Modbus 网络,用到的软件如下。

- VSPD,用于给电脑创建虚拟串口,模拟通信线缆。
- Modbus Poll,用于仿真发送控制消息的 Modbus 主站。
- Modbus Slave,用于仿真接收消息的 Modbus 从站。

9.4.2 安装仿真软件

软件安装的过程非常简单,基本只需要单击"下一步"即可。

1. 安装 VSPD

VSPD 安装程序图标如图 9-1 所示。双击打开 VSPD 安装程序,按提示进行安装。

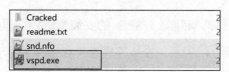

图 9-1　VSPD 安装程序图标

在图 9-2 所示 VSPD 安装路径界面中,可更改安装路径,之后单击"Next"按钮。

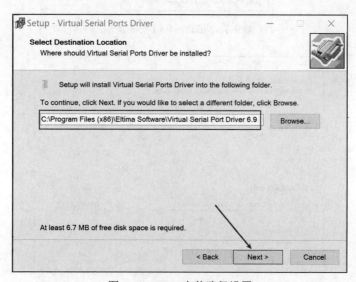

图 9-2　VSPD 安装路径设置

在图 9-3 所示界面单击"Install"开始安装。软件安装完成后,我们可以在桌面上看到软件的图标。

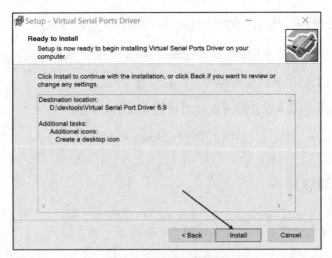

图 9-3　VSPD 安装开始

2. 安装 Modbus Poll

Modbus Poll 仿真软件的安装与 VSPD 的安装类似，这里仅展示重要的安装步骤。Modbus Poll 安装文件如图 9-4 所示，安装路径设置如图 9-5 所示。

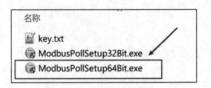

图 9-4　Modbus Poll 安装文件

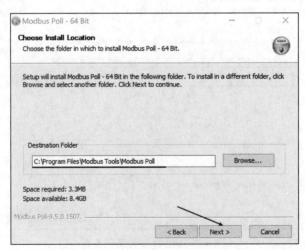

图 9-5　Modbus Poll 的安装路径设置

之后一直单击"Next"按钮，完成软件安装。软件安装完成后，我们在桌面上能看到软件的图标。Modbus Poll 软件图标如图 9-6 所示。

图 9-6　Modbus Poll 软件图标

3．安装 Modbus Slave

Modbus Slave 仿真软件的安装与 VSPD 的安装类似，这里同样仅展示重要的安装步骤。Modbus Slave 安装文件如图 9-7 所示，安装路径设置如图 9-8 所示。

图 9-7　Modbus Slave 安装文件

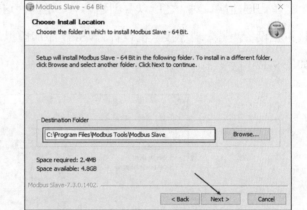

图 9-8　Modbus Slave 安装路径设置

之后一直单击"Next"，完成软件安装。软件安装完成后，我们在桌面上能看到软件的图标。Modbus Slave 软件图标如图 9-9 所示。

图 9-9　Modbus Slave 软件图标

9.4.3　组建 Modbus 网络

1．使用 VSPD 创建虚拟串口

双击桌面图标，打开串口模拟软件 VSPD。VSPD 界面如图 9-10 所示。

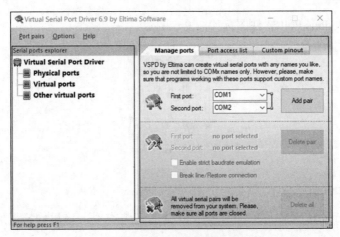

图 9-10 VSPD 界面

单击创建端口对。之所以要创建一对，是因为这里模拟的是一根线缆的两端，一端连接主机设备，另一端连接从机设备。VSPD 添加虚拟串口如图 9-11 所示，VSPD 虚拟串口如图 9-12 所示。

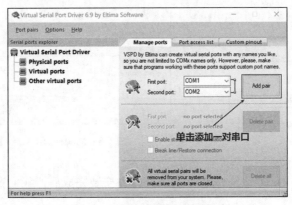

图 9-11 VSPD 添加虚拟串口

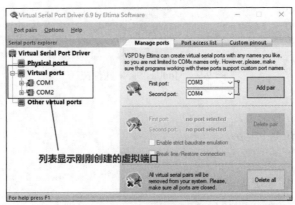

图 9-12 VSPD 虚拟串口

在"此电脑"图标上单击鼠标右键,在弹出的菜单栏中单击"管理"→"设备管理器"→"端口",查看是否新加了两个虚拟端口。VSPD 虚拟串口查看结果如图 9-13 所示。

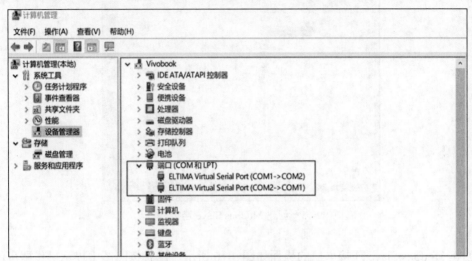

图 9-13　VSPD 虚拟串口查看结果

2. 使用 Modbus Slave 创建一个 Modbus 从机

双击桌面上的 Modbus Slave 图标,打开 Modbus Slave,其界面如图 9-14 所示。为了使读者更好地理解界面内容,我们做了一些标记。

图 9-14　Modbus Slave 界面

单击"Connection"→"Connect",创建 Modbus Slave 连接串口,如图 9-15 所示。

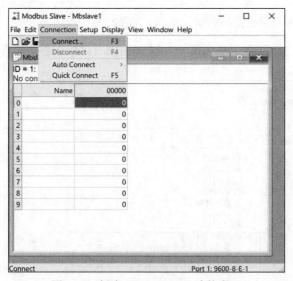

图 9-15　创建 Modbus Slave 连接串口

创建 Modbus Slave 连接串口的界面如图 9-16 所示，读者按照图中提示操作即可创建 Modbus 从机。

图 9-16　创建 Modbus Slave 连接串口的界面及操作提示

3. 使用 Modbus Poll 创建一个 Modbus 主机

双击桌面上的 Modbus Poll 图标打开软件，在图 9-17 所示界面单击"Setup"→

"Read/Write Definition…",确认参数设置。若有需要,可在图 9-18 所示设置界面修改 Modbus 的通信参数(具体操作见图中提示)。

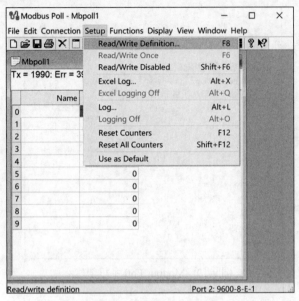

图 9-17　Modbus Poll 界面

图 9-18　Modbus Poll 设置界面

在图 9-17 所示界面单击"Connection"→"Connect",若同样遇到注册码问题,请读者参考 Modbus Slave 的操作方式进行注册。Modbus Poll 主机创建界面如图 9-19 所示，读者按照图中提示操作即可创建 Modbus 主机。

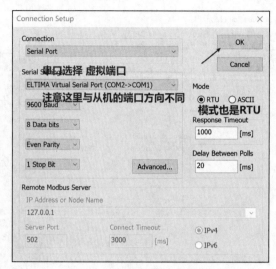

图 9-19　Modbus Poll 主机创建

4．主机-从机通信

首先修改从机寄存器数据。双击 Modbus Slave 界面上值为 0 之处，按图 9-20 中的提示进行操作。

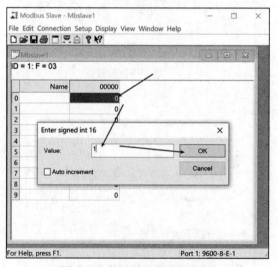

图 9-20　修改从机寄存器数据

在 Modbus Slave 界面上依次单击"Display"→"Communication…"，查看 Modbus Slave 通信记录，如图 9-21 所示。Modbus Slave 通信记录如图 9-22 所示。

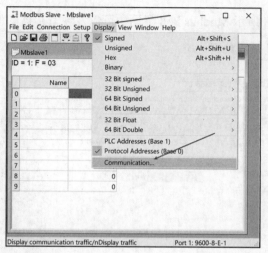

图 9-21　查看 Modbus Slave 通信记录的操作

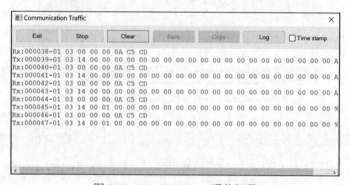

图 9-22　Modbus Slave 通信记录

在图 9-22 中，Rx 表示从机接收到的来自主机的报文，报文中值对应的含义如表 9-1 所示；Tx 表示从机发送给主机的回复报文。

表 9-1　报文中值对应的含义

字段	含义
01	从站地址
03	功能码
00	读取的起始寄存器地址 0x0000
00	
00	查询的寄存器数量为 0x000A（10）个
0A	
C5	循环冗余校验
CD	

· 165 ·

此时，查看图 9-23 所示 Modbus Poll 界面，可以发现寄存器的值由 0 变成了 1，这表示主机接收到从机发过来的数据。

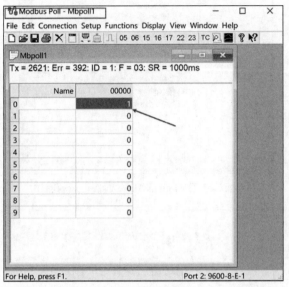

图 9-23　Modbus Poll 界面寄存器的值由 0 变为 1

然后，我们在主机上发送报文，由从机接收报文，具体过程如下。

在 Modbus Poll 界面上依次单击"Functions"→"06：Write Single Register…"，如图 9-24 所示。这时弹出图 9-25 所示界面，在其上按图中提示修改从机寄存器的值。

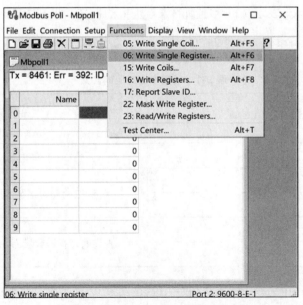

图 9-24　Modbus Poll 通信发送报文

项目九 物联网通信技术

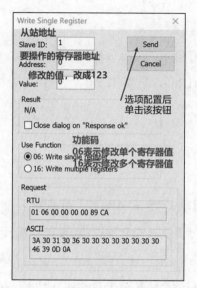

图 9-25 在主机上修改从机寄存器的值

这时，从机寄存器对应的值会变成发送的数据。在 Modbus Slave（从机）上查看寄存器的值，如图 9-26 所示。

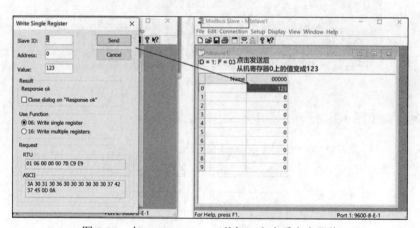

图 9-26 在 Modbus Slave（从机）上查看寄存器值

9.5 实验：Wi-Fi 通信

9.5.1 文件下载

复制以下链接（内部网址）到浏览器，下载本实验所需数据。读者也可以从本书配套资源中获取所需数据。

http://10.90.3.2/LMS/AIOT/Intro/3/C1-E1.zip

http://10.90.3.2/LMS/AIOT/Intro/3/C1-S2.zip

9.5.2 实验环境准备

1. 实验软硬件环境

软件环境：Keil（计算机端）、米家 APP（手机端）

硬件环境：小米实训箱母板及其配套数据线、2 个 U1 子板、2 个 C1 子板、1 个 S2 子板、1 个 E1 子板。

C1 子板在使用前，它的两个拨码需要调整到图 9-27 所示位置（左边朝下，右边朝上）。

图 9-27　拨码位置

实验硬件按照图 9-28 展示的堆叠方式进行安装。

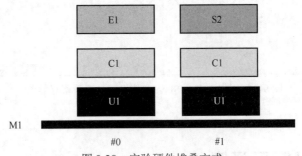

图 9-28　实验硬件堆叠方式

2. 米家 APP 创建产品

这里需要在米家 APP 上创建 LED 和光照传感器 2 个产品。创建 LED 的步骤如下。

步骤 1：在浏览器上打开小米账号登录界面，输入已有的米家 APP 用户名和密码，进入产品界面。

步骤 2：单击"新建产品"，选择"照明/灯"。在具体界面上填写相关信息，其中，联网方式、开发方式、配网方式为固定值，产品名称和产品型号由小写字母或数字组成，品牌选择"自有品牌"→"商标注册证：无"。之后，单击"确定"按钮。

步骤 3：配置产品。单击刚才创建的产品，进入功能定义，选择开关灯（这里不要关闭网页）。之后，单击"扩展程序开发"按钮，等待产品初始化完成。

创建光照传感器的步骤如下

步骤 1：单击"新建产品"选择"传感器/人体传感器"。在具体界面上填写相关信息，其中，联网方式、开发方式、配网方式为固定值，产品名称和产品型号由小写字母或数字组成，品牌选择"自有品牌"→"商标注册证：无"。之后单击"确定"按钮。

步骤 2：配置产品。单击刚才创建的产品，进入功能定义，设置好相关功能后单击"扩展程序开发"按钮，等待产品初始化完成。

9.5.3 程序烧录

1. 米家 APP 控制 LED 开/关

通过米家 APP 控制 LED 开和关的步骤如下。

步骤 1：设备连接。将 GD-LINK 调试器的 USB 端连接到计算机，Micro-USB 端插入母板 0#位置上方的 Micro-USB 端口中。长按母板电源键给系统上电。

步骤 2：解压缩 C1-E1.zip，打开 Keil 软件，在软件中打开 C1-E1 工程文件 C1-E1\arch\gd32\MDK-ARM\Xiaomi-IoT-arch-gd.uvprojx。

步骤 3：修改配置文件，依次单击"View"→"Project Window"，打开 Project 界面，找到 Xiaomi-IoT-C1-V1→main→main.c→user_config.h，并双击打开该文件。在该文件中找到需要修改的参数 USER_MODEL 和 BLE_PID，如图 9-29 所示。回到产品页面，打开刚创建的 LED 产品，用它的产品 Model（型号）、产品 ID（PID）分别替换 user_config.h 中的 USER_MODEL、BLE_PID。

步骤 4：按快捷键"F7"或者单击"build"按钮编译工程，按快捷键"F8"或者单击"load"按钮将程序下载到硬件。

步骤 5：查看结果（从产品被创建开始，几分钟后手机才能扫到设备，母版关机或重新下载程序，则需重新添加设备）。打开手机米家 APP，添加 LED 产品。

这时，在米家 APP 上单击开关按钮，即可控制子板 E1 上 LED 的开和关。

图 9-29　待修改的参数（LED）

2. 米家 APP 读取光照值

通过米家 APP 读取光照值的步骤如下。

步骤 1：从母板 0#位置拔出 GD-LINK 调试器（烧录器）的 Micro-USB 端，将其插入母板 1#位置上方的 Micro-USB 端口中（这一过程中无须断开电源）。烧录器连接示例如图 9-30 所示。

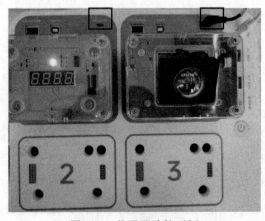

图 9-30　烧录器连接示例

步骤 2：解压缩 C1-S2.zip，打开 Keil 软件，在软件中打开 C1-S2 工程文件 C1-S2\arch\gd32\ MDK-ARM\Xiaomi-IoT-arch-gd.uvprojx。

步骤 3：修改配置文件。依次单击"View"→"Project Window"打开 Project 界面，找到 Xiaomi-IoT-C1-V1→main→main.c→user_config.h，并双击打开该文件。找到需要修改的参数 USER_MODEL 和 BLE_PID，如图 9-31 所示。

```
20
21  #ifndef __USER_CONFIG_H__
22  #define __USER_CONFIG_H__
23
24  /* user modle name & user mcu version number*/
25  #define USER_MODEL              "zktr.motion.li5130"
26  #define USER_MCU_VERSION        "0001"
27
28  #define BLE_PID                 "22463"
29  #define HAVE_BLE                (1)
30
```

图 9-31　待修改的参数（光照传感器）

回到产品页面，打开刚创建的光照传感器，用它的产品 Model（型号）、产品 ID（PID）分别替换 user_config.h 中的 USER_MODEL、BLE_PID。

步骤 4：按快捷键"F7"或者单击"build"按钮编译工程，按快捷键"F8"或者单击"load"按钮下载程序到硬件。

步骤 5：查看结果（从产品被创建开始，几分钟后手机才能扫到设备，母版关机或重新下载程序，则需重新添加设备）。打开手机米家 APP，添加光照传感器产品。

这时，在米家 APP 上便可以查看当前的光照值了。可通过手电筒（注意不要把光源贴到 S2 子板上）或用手捂住 S2 子板大幅改变光照强度，观察米家 APP 上光照值的变化。

习　题

1. 什么是物联网通信技术？
2. 常见的物联网通信技术有哪些？